ニュートン超図解新書

最強に面白い

対数

はじめに

10を何回くりかえしかけ算すると，1000になるでしょうか？　答えは3回です。「対数」とは，このように，かけ算をくりかえす回数をあらわすものです。高校の数学の授業で登場し，たくさんの高校生を苦しめているようです。

対数は，今から約400年前の大航海時代に生まれました。GPSなどなかった当時，船の正確な位置を知るためには，膨大な計算が必要でした。また，天動説から地動説への転換がおきていた時代でもあり，天文学の研究でも，複雑な計算がなされていました。そこで，複雑な計算を簡単にする“魔法の道具”として，対数が生み出されたのです。

本書では，対数が誕生した歴史や，対数の考え方を“最強に面白く”紹介しています。対数を利用した「計算尺」や「常用対数表」を使って計算を行うことで，対数の魔法をきっと実感できるはずです。どうぞお楽しみください！

ニュートン超図解新書

最強に面白い 対数

第1章 対数を理解するための指数

第2章 対数と指数は同じものだった！

第3章 指数と対数の計算法則

第4章
計算尺と対数表を使って計算しよう！

第5章 特別な数「e」を使う自然対数

【本書の主な登場人物】

ジョン・ネイピア
（1550～1617）
イギリスの数学者。対数を考案した。小数点の発案者でもある。優れた発明家でもあり，「ネイピアの骨」とよばれる計算器具や，兵器の開発を行っている。

中学生

カタツムリ

第1章

対数を理解するための指数

2を何回くりかえしかけ算すると，8になりますか？　答えは3回です。簡単ですね！　これが「対数」の考え方です。実は，これとよく似た考え方に，「指数」があります。指数とは，「同じ数をくりかえしかけ算する回数」のことです。この指数について知っておくと，対数をより簡単にマスターすることができます。まずは第1章で，指数の考え方を習得しましょう！

1 観測可能な宇宙の大きさは，8800000000000000000000000000メートル

大きな数を書きあらわすのに便利な「指数」

宇宙は，大きさが正確に分からないほど広大です。そのうち，私たちはどれくらいの大きさを観測することができるのでしょうか。

観測可能な宇宙の大きさをメートル表記であらわすと，直径にして約880000000000000000000000000メートルです。**このような非常に大きな数を書きあらわす場合には，しばしば「指数」が利用されます。指数とは「同じ数をくりかえしかけ算する回数」のことです。**

本書のテーマである「対数」と指数は，密接な関係にあります。まずは，指数の性質をみることで，対数の話に入る準備運動をしておきましょう。

1 大きな数を指数であらわす

約880000000000000000000000000メートルは，ゼロがたくさんつづき，書きあらわすのはたいへんです。そこで指数を使うと，8.8×10^{26}メートルと簡潔にあらわせます。

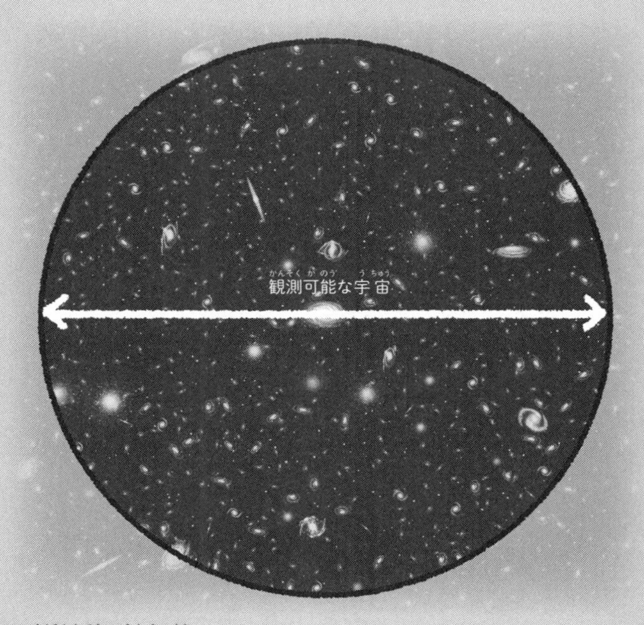

観測可能な宇宙の大きさ：
直径約880000000000000000000000000メートル＝8.8×10^{26}メートル

指数は，同じ数をくりかえしかけ算する回数

指数を使うと，たとえば観測可能な宇宙の大きさは，8.8 × 10^{26} メートルと表現されます。ずいぶん簡潔な表記になったことがわかるでしょう。これは「8.8かける10の26乗メートル」と読み，8.8に10を26回かけた数という意味です。この場合の26のように，同じ数（ここでは10）をくりかえしかけ算する回数のことを「指数」とよびます。

「指数＋1」がその数の桁数になるので，10^{26} は27桁の数だとわかるんだぞ。

2 原子核の大きさは，0.000000000000001メートル

極端に小さい数も指数であらわせる

指数は，極端に小さい数をあらわすのにも便利です。たとえば，自然界のあらゆる物質を構成する原子は，中央にきわめて小さな原子核をもっています。

水素原子の原子核の大きさをメートル表記であらわすと，直径約0.000000000000001メートルです。この数を指数を使ってあらわすと，$1.0 \times (\frac{1}{10})^{15}$となります。$1.0 \times (\frac{1}{10})^{15}$は，「1.0かける10分の1の15乗」と読み，1.0に$\frac{1}{10}$を15回くりかえしかけ算した数という意味です。

マイナスの記号を使ってあらわす

1よりも小さな数をくりかえしかけ算する場合には，指数をマイナスの数であらわすこともできます。 $1.0 \times (\frac{1}{10})^{15}$は，マイナスの記号（－）を使って$1.0 \times 10^{-15}$とあらわせます※。$1.0 \times 10^{-15}$は,「1.0かける10のマイナス15乗」と読みます。このときの指数は－15です。

このように，非常に大きな数だけでなく，極端に小さな数も指数を使って簡潔にあらわすことができるのです。

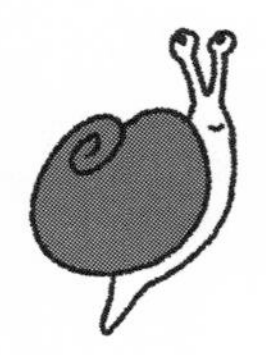

ゼロの数が多すぎてわかりにくい数も，指数を使えば，何桁の数なのか，すぐにわかるデン！

※：マイナスの指数については，100～101ページでくわしく紹介します。

2 小さな数を指数であらわす

水素原子の原子核の大きさは，直径約0.000000000000001メートルです。0がいくつあるのか，数えるのがたいへんです。指数を使えば，1.0×10^{-15} メートルと簡潔にあらわせます。

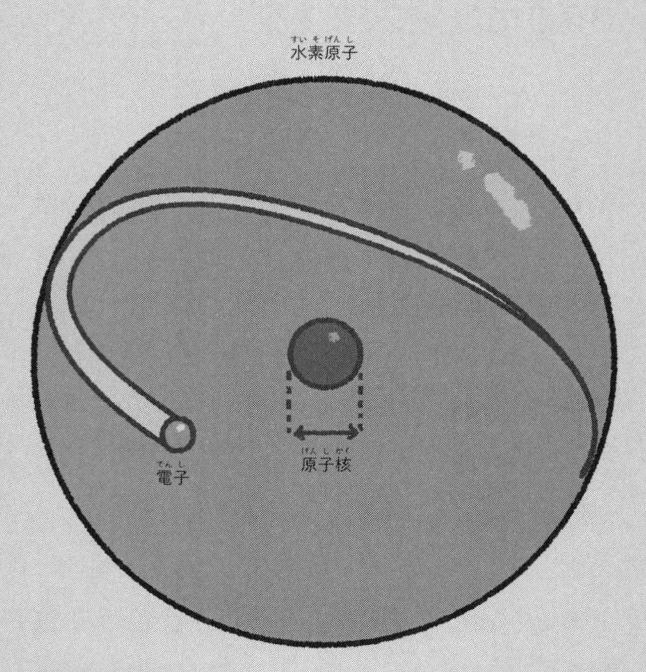

水素原子の原子核の大きさ：
直径約0.000000000000001メートル＝1.0×10^{-15} メートル

3 1粒の米が毎日倍になると，30日で536870912粒に

30日で米俵200俵分

ここで，指数を使ったおもしろい話を紹介しましょう。

むかしむかし，ある知恵者がいました。殿様から，褒美の品の希望を問われた知恵者は，「初日は1粒，2日目は2粒，3日目は4粒，4日目は8粒というふうに，1粒からはじまって，30日間，前日の2倍の数の米粒をください」といいました。これを聞いた殿様は，「なんと謙虚な」と二つ返事で許可しました。しかし30日に近づくにつれ，とんでもないことを許可したことに気がつきました。**なんと，30日目（29日後）には5億3687万912粒の米をあたえることになったのです。**

指数を使ってあらわすと1×2^{29}粒で，これは

3 米粒は急激に増加する

毎日，前日の倍の数の米粒をもらうとすると，初日の1粒が，30日目（29日後）には5億粒をこえます。1俵を268万粒（60キログラム）とすると，200俵分になります。

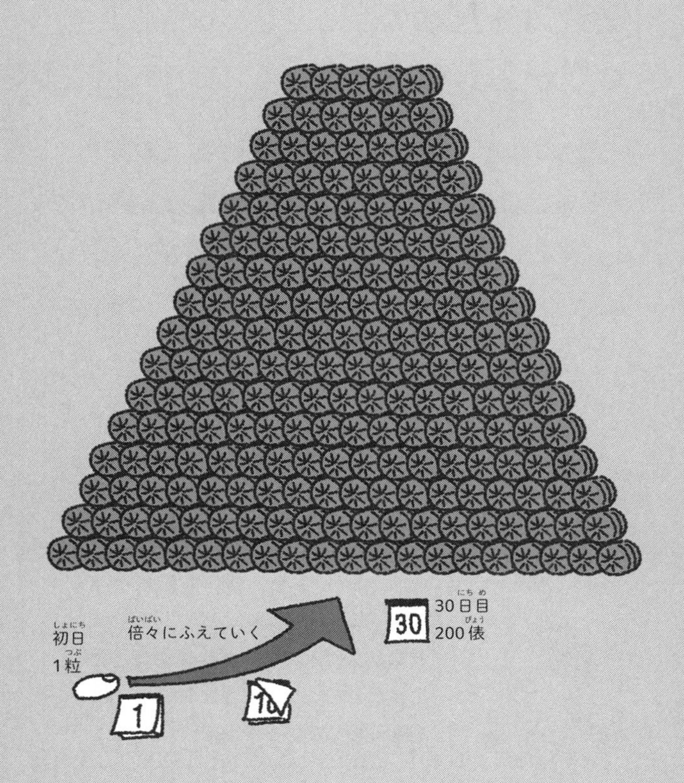

米俵にして約200俵分です。ちなみにそのわずか10日後には，5497億5581万3888粒（1×2^{39}粒，米俵にして20万俵あまり）に達します。

爆発力を秘めたくりかえしのかけ算

　このように，指数を使って表現されるくりかえしのかけ算は，想像をこえる爆発力を秘めています。このくりかえしのかけ算こそが，指数や対数の本質です。

指数はスマホのデータ容量の単位にも使われていて，ギガは10^9（10億）をあらわしているそうよ。

4 音階は1.06倍のくりかえしでできている！

弦楽器の音の高さは，弦の長さで決まる

くりかえしのかけ算は，「ドレミファソラシド」のような「音階」にも登場します。弦楽器の弦の振動する部分の長さが，1.06倍のくりかえしになっているのです。

弦楽器の音の高さは，弦の長さによって決まります。**弦の長さが1.06倍になるごとに，音の高さが「半音」ずつ下がっていくのです。**たとえば，「シ」の音を半音下げたいときには，弦の長さをシの弦の1.06倍にし，さらにもう半音下げたいときには，シの弦の1.06^2倍（約1.12倍）にするというしくみです。

フレットの間隔は等間隔ではない

　このことは，ギターを見ると確認できます。

　ギターには，「フレット」とよばれる部分があり，どのフレットを押さえるかによって，弦の振動する部分の長さがかわり，音の高さがかわります。**弦の根元から各フレットまでの長さは1.06倍きざみになっており，押さえるフレットを一つずつギターの先端に近づけるたびに弦の振動する部分の長さが1.06倍になり，音が半音低くなるのです。**

　1.06倍のくりかえしのかけ算であるため，フレットの間隔は等間隔になっていません。

ちなみに，1オクターブ（たとえば高いドから低いドまで）は12の半音に分けられているぞ。そして1.06を12回くりかえしかけ算する（1.06^{12}）と，およそ2となる。つまり，1オクターブ低い音が出るとき，弦の長さは元の2倍になっているんだ。

4 ギターの音階

「くりかえしのかけ算」の例として，音階をあげました。ギターは弦の振動部分の長さを1.06倍にしていくことで，音階をつくっています。

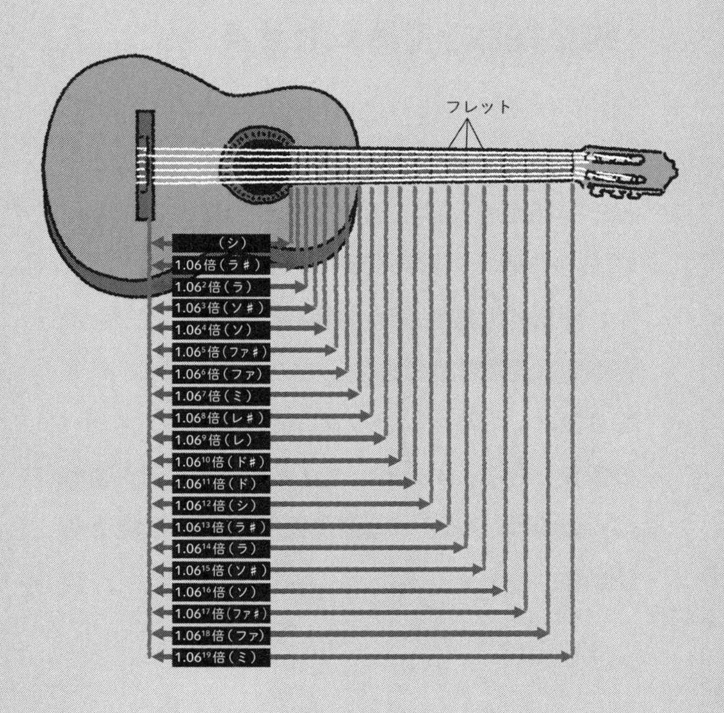

5 アメーバで指数関数のグラフを実感しよう！

アメーバの個数は「指数関数」であらわせる

1日に1回分裂して2倍にふえるアメーバがいるとします。1個のアメーバからはじまったとすると，10日後には何個になっているでしょうか。10日後の個数を指数を使ってあらわすと2^{10}個です。**つまり，日数をx，個数をyとすると，$y=2^x$という式が成り立ちます。**この式を使えば，好きな日数をxに入れることで，そのときのアメーバの個数をあらわすことができるのです。**このように$y=a^x$であらわされる関係式を「指数関数」といいます。**

5 指数関数のグラフ

毎日分裂して2倍になるアメーバの個数は，$y=2^x$ という数式であらわせます。グラフにすると下のようになります。xの値が大きくなるほど，アメーバは急激に増殖します。

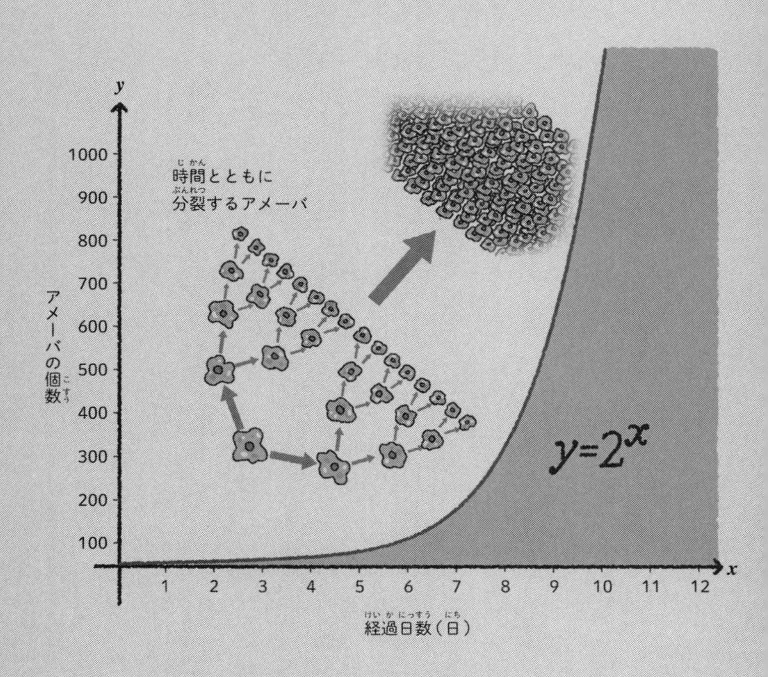

毎日2倍で1年後は110桁の数に

アメーバの個数をあらわす$y=2^x$をグラフにすると27ページのようになります。xの値（経過日数）が大きくなるほど，アメーバの数が急速に増加していくことがわかるでしょう。10日後のアメーバの個数は，$2^{10}=1024$個となります。

ちなみに，1年（365日）後のアメーバの数は2^{365}個で，これをコンピューターで計算すると，「75153362…（中略）…1919232」という110桁の数になります。もはや天文学的な数字です。

とても急激に増加することを「指数関数的な増加」ということがあるデン。

6 放射性物質は，$\frac{1}{2}$ のかけ算でこわれていく

くりかえしのかけ算で，数が小さくなることも

くりかえしのかけ算では，必ずしも数がふえていくとはかぎりません。**1よりも小さい数をくりかえしかけていけば，数はどんどん小さくなっていきます（ゼロに近づいていく）。**たとえば，「放射性物質」がその例です。

放射性物質の「崩壊」も，くりかえしのかけ算

放射性物質は，構成する原子が自然に「崩壊」して，ほかの原子に変化することがあります。原子が崩壊する確率は，放射性物質の種類ごとに決まっています。ある放射性物質の原子が崩壊して

いき，全体として元の$\frac{1}{2}$の数になる期間のことを「半減期」といいます。**半減期1回分の年月の経過で放射性物質の原子の数は$\frac{1}{2}$に，2回分の年月の経過では$\frac{1}{2}\times\frac{1}{2}=\frac{1}{4}$となります。**これもくりかえしのかけ算です。

たとえば「炭素14」という放射性物質は，半減期が約5730年です。また，福島第一原発の事故で問題となった「セシウム137」の半減期は，約30.1年です。

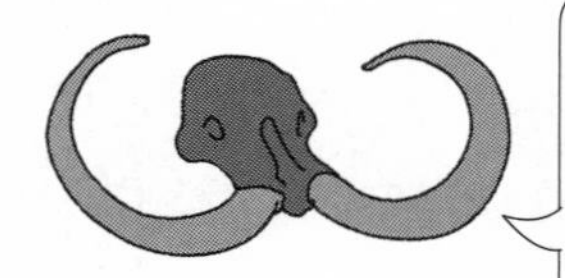

化石の中に，放射性物質がどの程度含まれているかわかると，死んでからの経過時間が推定できるんだゾー。

6 放射性物質の崩壊

放射性物質の原子は，別の原子に変化していくため，時間とともに個数が減っていきます。放射性物質の原子の個数は，半減期を過ぎるたびに $\frac{1}{2}$ 倍になります。

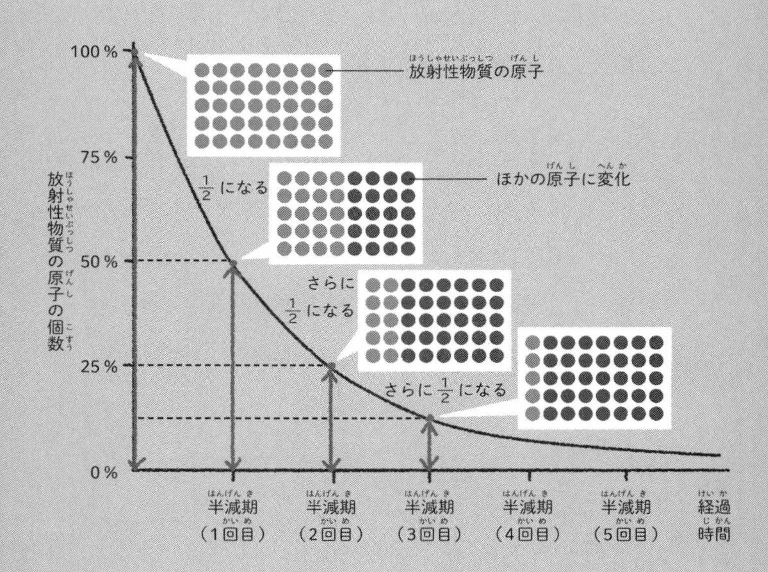

紙を42回折ると月まで届く！

「紙を42回折ると，月まで届く」と聞いて，信じられるでしょうか。厚さ約0.1ミリメートルのコピー用紙を42回折ると，厚さが地球から月までの距離をこえてしまうのです。

まずコピー用紙を半分に折ると，厚さが2倍の約0.2ミリメートルになります。これをまた半分に折ると，厚さはさらに2倍の0.4ミリメートルになります。**このように，半分に折るたびに，厚さは2倍になり，10回目で100ミリメートル（10センチメートル）になります。**これは，0.1×2^{10}ミリメートルであり，まさに指数の考え方です。

23回目には，東京スカイツリー（634メートル）よりも高い約840メートルとなります。**そして，42回目に，月までの距離（約38万キロメートル）**

よりも高い，厚さ44万キロメートルに達するのです。ただし，41回折ったところで，紙の厚さは約22万キロメートルです。これを半分に折るなんて，どうがんばってもできそうにありません……。

指数をはじめて使ったのは？

同じ数をくりかえしかけ算する考え方は，紀元前からあります。たとえば，直角三角形の辺の長さに関して，$a^2 + b^2 = c^2$ が成り立つというピタゴラスの定理は，紀元前6世紀ごろの発見といわれています。

右肩にかけ算の回数を記す指数の表記をはじめて用いたのは，17世紀の哲学者で数学者のルネ・デカルト（1596～1650）だと考えられています。デカルトは，論文『幾何学』の中で「$a \times a \times a$」を「a^3」と簡略化しました。**それ以前は，さまざまな表記が用いられていました。**たとえば，オランダの数学者，シモン・ステビン（1548～1620）は，現在の「$3x^2$」を「3②」とあらわしていました。また，フランスの数学者，フランソワ・ヴィエタ（1540～1603）は「D^2」を「*D.quad.*」と表記しました。

ふだん数学の表記法について，気にすることはないかもしれません。しかし，数式を見やすくする指数などの表記法の発達が，数学の発展の一因となっているのです。

ルネ・デカルト
（1596 ～ 1650）

memo

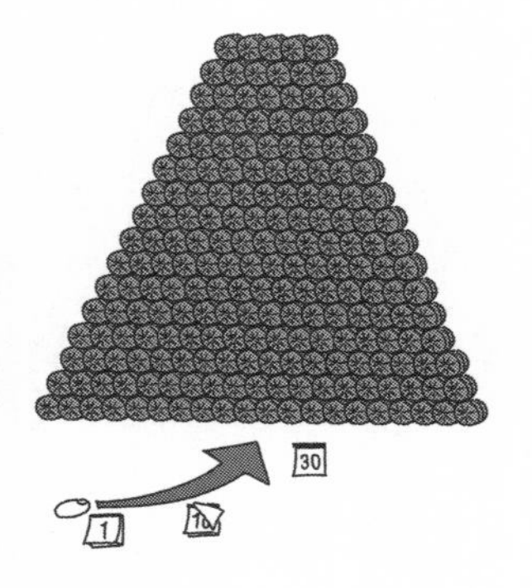
30
1
10

第2章

対数と指数は同じものだった！

第1章で紹介した指数の考え方は，いかがでしたか。指数とは「同じ数をくりかえしかけ算する回数」のことです。第2章ではいよいよ，対数の話に入っていきます！　対数とは，一言でいうと，「かけ算の回数をあらわすもの」です。…でも，ちょっと待ってください。指数と対数って，同じではないのでしょうか。そうです。同じなのです！

1 1等星と6等星の明るさは，100倍ちがう

星の等級は，対数をもとにしている

ここからはいよいよ，対数について考えていきましょう。

たとえば，夜空に輝く星は「1等星」，「2等星」……と，明るさによって等級がつけられています。**この等級は実は，対数をもとにしたものです。**

古代ギリシャの時代，人類はトップクラスの明るさの星（恒星）を1等星とし，肉眼でやっと見える星を6等星と決めたんだ。2等星，3等星，4等星，5等星はその間の明るさの星だぞ。

対数とは，かけ算をくりかえす回数

仮に6等星の光の量を1とします。すると，5等星の光の量は約2.5，4等星は約6.3（2.5^2），3等星は約15.6（2.5^3），2等星は約39（2.5^4），そして1等星は約100（2.5^5）となります。**つまり星の等級は，光の量が2.5の何乗なのか，ということをもとにして決められているのです。**

この「光の量が2.5の何乗なのか」というのが，対数の考え方です。**対数とは，ある決まった数（ここでは2.5）を何回かくりかえしかけ算して別の数（ここでは光の量）ができる場合に，かけ算をくりかえす回数（何乗するか）のことなのです。**

1 星の明るさと等級

1等星から6等星までの光の量を，棒グラフであらわしました。
6等星と1等星は，光の量が約100倍ちがいます。

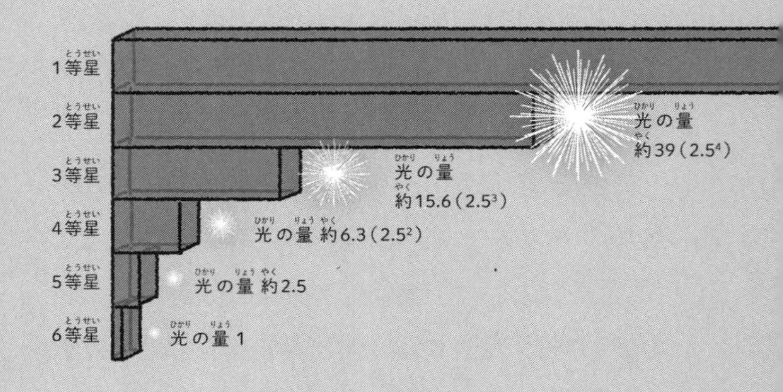

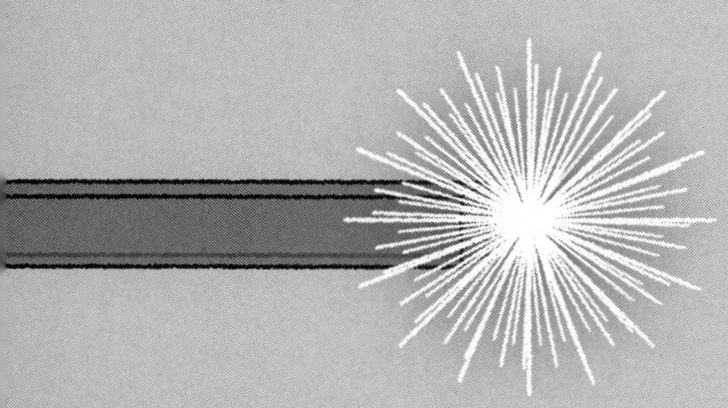
光の量 約100（2.5^5）

光の量が2.5倍になると，星の等級が一つ上がるのね。

2 地震のマグニチュード7と9，エネルギーは1000倍ちがう

地震のマグニチュードは，対数で決まる

地震の規模を示す「マグニチュード」にも，対数が関係しています。マグニチュードとは，地震のエネルギーの大きさをあらわす尺度です。

たとえば，地震のマグニチュードの値が1大きくなると，地震のエネルギーは約32倍（32^1）になります。マグニチュードが2大きくなると，エネルギーは1000倍（$1000 \fallingdotseq 32^2$）になります。**つまり，マグニチュードは，地震のエネルギーが「32の何乗なのか」という対数の考え方をもとにして，決められているのです。**

2 地震のエネルギーのちがい

マグニチュード5.0～9.0までの地震のエネルギーを，球の体積であらわしています。球の体積は，マグニチュードが1上がるごとに約32倍になります。

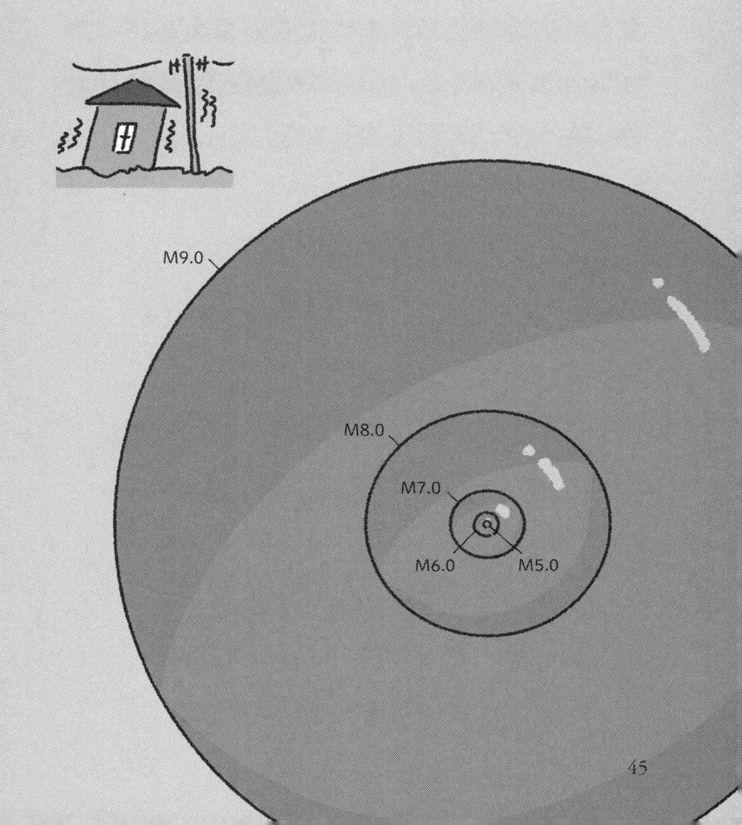

東北地方太平洋沖地震は，マグニチュード9.0

2011年の東北地方太平洋沖地震のマグニチュードは，9.0でした。一般的に，マグニチュード7クラスの地震でも大地震といわれます。東北地方太平洋沖地震は，それよりもエネルギーが1000倍も大きかったわけですから，いかに巨大な地震だったかわかるでしょう。

日本では，ほとんどゆれを感じることのないマグニチュード3以下の地震が，毎月1万回以上おきているそうよ。

3 pH7の水道水とpH5の酸性雨。濃度のちがいは100倍

水素イオン濃度が高いと酸性

水溶液の酸性やアルカリ性を示す「pH(ピーエイチまたはペーハー)」も，対数と関係しています。pHは「水素イオン指数」とよばれ，水溶液中の水素イオン(H^+)の濃度がどれくらいなのかをあらわします。水素イオンの濃度が高いと酸性で，低いとアルカリ性です。

pHの数値は0から14まであり，0に近いほど酸性が強く，7が中性，14に近いほどアルカリ性が強いことを示します。

pHの値は，対数で決まる

pH1の水溶液には，1リットルあたり，0.1モル※（10^{-1}）の水素イオンが溶けています。pH2の水溶液には，1リットルあたり0.01モル（10^{-2}）が溶けています。そして，pH14は1リットルあたり，0.00000000000001モル（10^{-14}）となります。**つまり，pHの値は「1リットルあたりに，水素イオンが10のマイナス何乗モル溶けているか」という対数をもとに計算されているのです。**

たとえば，酸性雨は一般的にpHが5.6以下といわれています。一方，水道水のpHは7付近です。pH5の酸性雨と，pH7の水道水はpHの差は2ですが，水素イオン濃度では100倍（10^2）もことなるのです。

※：モルとは，原子や分子の数の単位です。1モルは，約6.0×10^{23}個です。

3 pHの値と水素イオン濃度

0～14のpHの値に対応する，水素イオン濃度をまとめました。pHの値が7から5へと2かわると，水素イオン濃度は10^{-7}から10^{-5}へと100倍上がることになります。

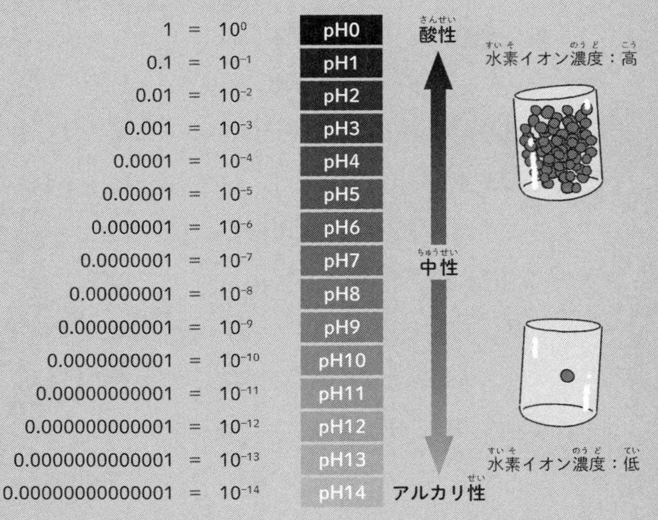

水素イオンの濃度が10倍になると，
pHの値は1下がるんだデン！

体は対数を感じている

ここまで，身近な対数を紹介してきました。**実は，もっとも身近な対数は，「人間の感覚」かもしれません。**

たとえば，10グラムのおもりを手にもっているとします。これを100グラム（10^2グラム）のおもりにかえると，重さは10倍になります。しかし，心理的には，10倍ではなく，2倍程度の重さにしか感じられないそうです。**つまり，心理的な感覚の大きさは，刺激の大きさの対数（元の重さの何乗になったのか）が基準になっているのです。**これを，ウェーバー・フェヒナーの法則といいます。

明るさや音，においの感じ方にもこの法則が当てはまるようです。たとえば，くさいにおいを発する物質を90%除去したとしても，せいぜいもとの半分程度のにおいになったとしか感じられないといいます。頭では対数を理解していなくても，体は対数を感じているといえるでしょう。

4 対数は，天文学者と船乗りを救った

ジョン・ネイピアが対数を考案

対数が考案されたのは，1594年です。天動説から地動説への転換がおきていた時代であり，惑星の軌道計算などで複雑な計算がなされていました。また当時は，「大航海時代」でもあり，船の位置を割り出すために，天体観測をもとにした複雑な計算が必要でした。つまり，「少しでも楽に計算を行いたい」という時代の要請があったのです。

このような状況の中，イギリスの数学者，ジョン・ネイピア（1550～1617）が，計算を楽に行うための道具として，対数を考案しました。 これからくわしく見ていくように，対数を利用すれば，「複雑なかけ算を，足し算に変換する」ことができるのです。

4 対数が天文学の発展を支えた

ネイピアが対数を考案した当時，天動説から地動説への転換がおきており，天文学で複雑な計算がなされていました。また，船の位置を知るためにも複雑な計算が必要でした。対数によって，そのような計算が楽に行えるようになりました。

対数のおかげで，たくさんの計算をこなせるようになったので，「天文学者の寿命は2倍にのびた」ともいわれているぞ。

何回くりかえしかけ算すればよい？

ここで，倍々になる「米粒」の話を思いだしてみましょう（20～22ページ）。たとえば4日目の米粒の数はいくつでしょうか。初日の1粒にはじまって，2日目，3日目，4日目と2倍を3回くりかえすので，2^3で8粒です。これは「指数」の考え方です。

では逆に，8粒もらえるのは何日目でしょうか。これが対数の考え方です。**このような，ある決まった数を何回かくりかえしかけ算して別の数ができる場合に，かけ算をくりかえす回数（何乗するか）のことを対数とよんでいます。**

指数は「同じ数をくりかえしかけ算する回数」で，対数は「（ある決まった数の）かけ算をくりかえす回数」だデン。

5 対数は，記号「log」であらわせる！

言葉にすると不便なので，記号にしただけ

対数を表現するときは「log（ログ）」という記号を使います。むずかしそうにみえるかもしれませんが，心配はいりません。「2を何回かくりかえしかけ算して8になるときの，かけ算をくりかえす回数」と書いてもよいのですが，それではめんどうなので，logという記号を使っているだけです。この場合は，「$\log_2 8$」と書きます（$8 = 2^3$なので，$\log_2 8 = 3$）。

logの右下の小さな数はくりかえしかけ算する数で，「底」とよばれます（この場合は2）。末尾の数はくりかえしのかけ算によってできあがる数で「真数」とよばれます（この場合は8）。

底が10の対数を常用対数という

2をくりかえしかけ算して32になるとき（底が2，真数が32であるとき），この対数（かけ算をくりかえす回数）は「$\log_2 32$」と書きます（その値は5）。また，10をくりかえしかけ算して1000になるとき（底が10，真数が1000であるとき），この対数は「$\log_{10} 1000$」と書きます（その値は3）。なお，この例のように，底の部分が10である対数は「常用対数」とよばれ，とくによく利用されます。

つまり，対数は「何乗すればいいか？」ということね！

5 対数を表現するlog

対数をあらわすときには，「log」という記号を使います。下のイラストの○を「底」，□を「真数」といいます。この対数は，「○を何回かくりかえしかけ算すると□になるときの，そのかけ算の回数」をあらわします。

logの記号は，対数を意味する英語の「logarithm」を省略したものなんだぞ。

6 対数と指数は，表裏一体の関係だった！

指数も対数も「かけ算のくりかえしの回数」

ここでは，指数と対数の関係について考えてみましょう。

14ページでは「同じ数をくりかえしかけ算する回数」のことを「指数」とよびました。一方，54ページでは，対数は「(ある決まった数の)かけ算をくりかえす回数」であるということをみました。指数と対数は，いったい何がちがうのでしょうか。

20ページの米粒の話でいうと，指数は「4日目の米粒はいくつか？（答えは8粒）」で，対数は「8粒もらえるのは何日目か？」という違いね。

指数と対数は見方がちがうだけ

実は，指数と対数のいずれも「かけ算のくりかえしの回数」のことであり，この点では両者は同じです。ただし両者では，見方（文脈）がことなります。

指数の場合，かけ算をくりかえす数とくりかえしの回数が，あらかじめわかっています。**一方，対数の場合にあらかじめわかっているのは，かけ算をくりかえす数と，かけ算のくりかえしによってできる数であり，かけ算をくりかえす回数についてはわかっていないのです。**

60～61ページに指数と対数の関係を示しました。指数と対数は，表裏一体の関係だといえるでしょう。

6 指数と対数の関係

指数と対数の関係を示しました。○，□，△の関係は両者で同じです。右のページには，指数と対数の関係の実例をいくつか示しました。

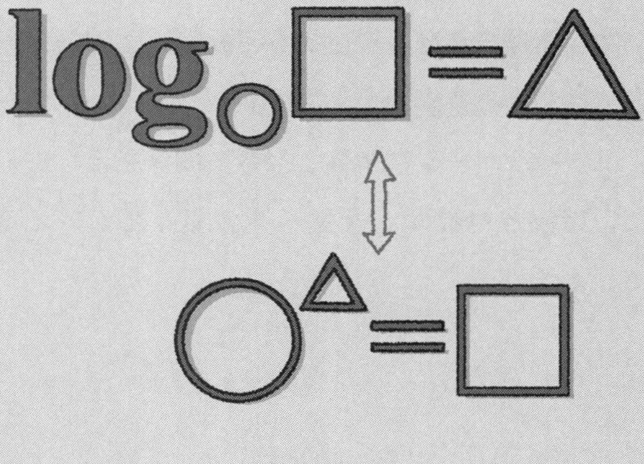

$$\log_{\bigcirc} \square = \triangle$$

$$\Updownarrow$$

$$\bigcirc^{\triangle} = \square$$

対数と指数の関係の実例

$$\log_2 8 = 3 \leftrightarrow 2^3 = 8$$

$$\log_2 32 = 5 \leftrightarrow 2^5 = 32$$

$$\log_{10} 1000 = 3 \leftrightarrow 10^3 = 1000$$

$$\log_3 81 = 4 \leftrightarrow 3^4 = 81$$

7 対数関数のグラフを見てみよう

対数のグラフは徐々になだらかになる

26～28ページでは，アメーバの増殖を例に，指数関数「$y=2^x$」をグラフであらわしました。今度は，「対数関数」をグラフにしてみましょう。

logを使った関係式，$y=\log_a x$を「対数関数」といいます。この式のaを2とした，$y=\log_2 x$をグラフであらわすと，65ページの①のようになります。**xの値が大きくなるにしたがって，グラフはなだらかになります。**

memo

対数と指数のグラフをくらべてみよう

ここに，指数関数のグラフを置いてみましょう。$y = 2^x$という指数関数のグラフが右の②です。対数関数とは逆に，xの値が大きくなるにしたがって，yの値の増加幅がどんどん大きくなっています。

次に，$y = x$の直線（③）を置いてみましょう。**すると，ふしぎなことに$y = 2^x$と$y = \log_2 x$が，ちょうど$y = x$を境に，鏡映しのようになっていることがわかります。**$y = x$の直線で折り曲げると，対数関数$y = \log_a x$のグラフと指数関数$y = a^x$のグラフはぴったりと重なるのです。

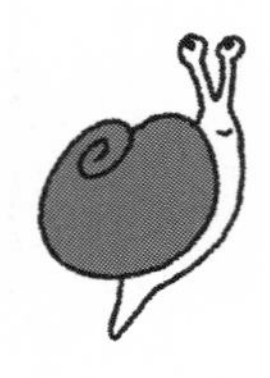

指数関数のグラフを$y=x$の直線で折り曲げると，対数関数のグラフにかわるんだデン！

7 指数関数と対数関数のグラフ

指数関数ではxが大きくなるとyが急激にふえ，対数関数ではxが大きくなるとふえかたがゆるやかになります。両者は$y=x$のグラフをはさんで線対称になっています。

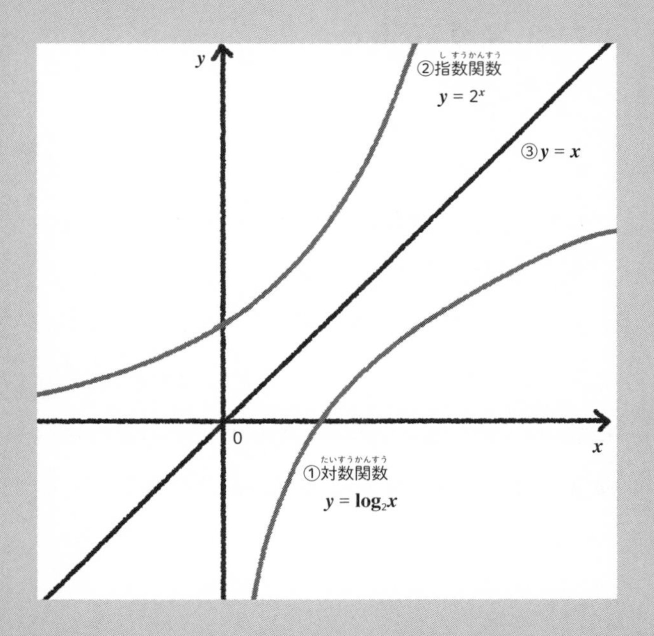

8 アメーバの増殖は，対数目盛りを使うとわかりやすい！

xが大きくなると，グラフにあらわせない

26～28ページで紹介したアメーバの増殖のしかたは，$y = 2^x$という指数関数のグラフであらわすことができました（68ページのグラフ）。このグラフを見てもわかるように，指数関数はxがふえるにしたがって，yが急激にふえます。**そのため，このグラフからは，xが小さいときのyの値の変化をうまく読みとることができません。**

$y = 2^x$のグラフは，xがふえるにしたがってyが急激にふえるため，縦軸がとても長くなってしまうぞ。

対数グラフにすれば，見やすくなる！

そんなときに便利なのが，69ページの「対数グラフ」です。対数グラフとは，縦軸や横軸に「対数目盛り」を使ったグラフです。この対数目盛りとは，1目盛りごとに「1(2^0)，2(2^1)，4(2^2)，8(2^3)」のように，値が一定の倍率でふえていく目盛りのことです。69ページの対数グラフでは，縦軸が，1目盛りごとに2倍になるようにしています。アメーバの増加を対数グラフにすると，曲線になっていたグラフが直線になり，アメーバの増加傾向を読み取りやすくなるのです。

このような対数グラフを使うと，普通のグラフではみえない変化や関係性がはっきりとみえるようになります。対数グラフは，科学分析や経済統計など，さまざまな分野で活用されています。

8 対数グラフ

指数関数は，xが大きくなるとyが急激にふえるため，グラフにえがききれません。対数グラフにすると，全体像をはあくできるようになります。

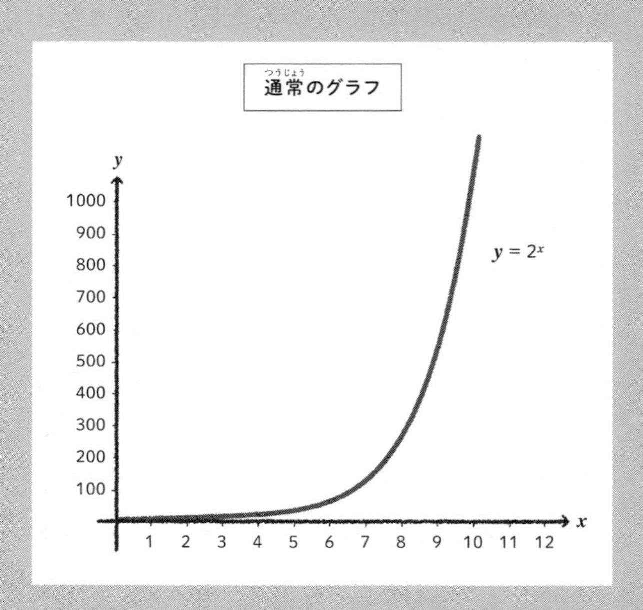

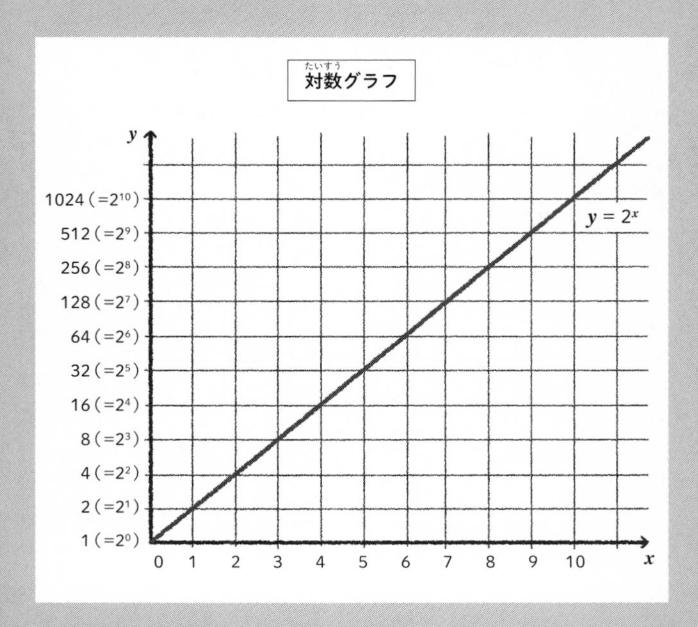

対数グラフ
y
1024 (=2^10)
512 (=2^9)
256 (=2^8)
128 (=2^7)
64 (=2^6)
32 (=2^5)
16 (=2^4)
8 (=2^3)
4 (=2^2)
2 (=2^1)
1 (=2^0)
0 1 2 3 4 5 6 7 8 9 10
x
y = 2^x

お城で生まれた ジョン・ネイピア

ジョン・ネイピア（1550～1617）は，1550年にスコットランド（イギリス）のエジンバラの南西にあるマーキストン城で生まれました。ネイピア家は，代々この地を治める貴族の家系で，ジョン・ネイピア自身も，父親の死後，8代目の城主となっています。

ジョン・ネイピアは，1594年に対数を考案し，以後20年にわたり，対数の研究に取り組みました。さらに，小数点をはじめて用いたことでも知られています。彼の死後に出版された遺稿の『対数の驚異的一覧表の作成法』で小数点が用いられ，対数とともに世の中に広まりました。

ほかにもジョン・ネイピアは，「ネイピアの骨」とよばれる計算器具を発明しました。これは，かけ算や割り算を簡単に計算するための九九の刻まれた棒です。また，戦闘用馬車に大砲を取りつけた戦車を発案し，国王に進言したこともあったといいます。ジョン・ネイピアは，さまざまな分野で研究を行った発明家でもあったのです。

9 対数を利用した計算尺が世界を支えた！

東京タワーの設計にも使われた計算尺

ここからは，対数を利用した「計算尺」という道具についてみていきましょう。

計算尺は，対数を利用したアナログ式の計算機であり，まるで魔法のように計算の答えを出してくれる，便利で不思議な道具です。つい数十年前まで現役の計算機であり，ニューヨークのエンパイア・ステート・ビルもパリのエッフェル塔も，そして東京タワーも計算尺を使って設計されました。さらには，宇宙飛行士も宇宙船に計算尺を持ちこんでいました。

9 科学者の必需品

計算尺は，コンピューターや電卓が普及していない1960年代ごろまでは，科学者や技術者の必需品でした。人類初の月面着陸に成功したアポロ11号にも持ちこまれました。

計算尺の基本的な構造

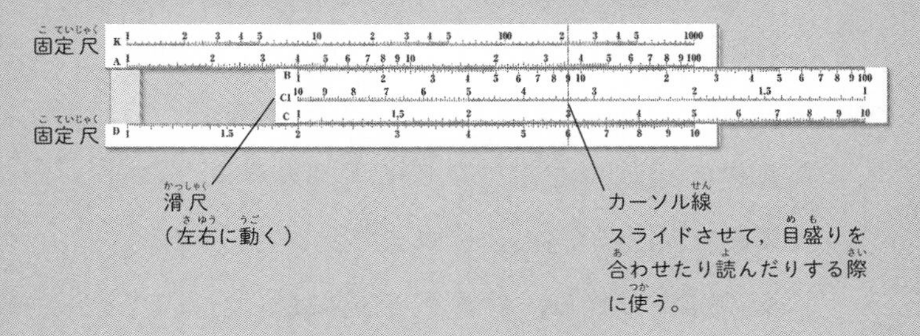

計算尺は対数を利用している

計算尺は，何種類かの目盛りがきざまれた定規のような形をしています。**ただし，目盛りは等間隔ではなく，対数のルールにしたがってつけられています。**一般的な計算尺は，3本の定規を上，真ん中，下と並べたような形をしています。

3本の定規のうち，上の定規と下の定規は固定されており，「固定尺」とよばれます。一方，真ん中の定規は左右にスライドできるようになっており，「滑尺」とよばれます。

次のページから，計算尺を見ながら計算をやってみましょう。本書の190～191ページに計算尺のペーパークラフトを掲載していますので，これを組み立てて使うと，きっとより楽しめるはずです。

10 計算尺で「2×3」を計算してみよう！

滑尺を動かして目盛りを読み取る

計算尺についてのくわしい原理を説明する前に，計算尺で2×3のかけ算をしてみましょう。

まず，固定尺の「D尺」の目盛りから「2」を探して，そこに滑尺の「C尺」の左端の「1」を合わせます（76ページのイラスト①）。次に，もう一方の数である「3」の目盛りの位置をC尺の中から探して，その真下にあるD尺の目盛りを読み取ります（77ページのイラスト②）。この場合，目盛りの読みは「6」です。これで「2×3」の答えが「6」と求められました。

桁数の多い計算で本領を発揮

2×3であれば，暗算の方が早いでしょう。しかし計算の桁数が多くなってくると，計算尺の方が圧倒的に早く計算できます。**計算尺は，基本的には滑尺を左右に動かしてスライドさせる**

10 「2×3」の求めかた

まずD尺の目盛りから「2」を探して，そこにC尺の左端の「1」を合わせます。そして「3」の目盛りの位置をC尺の中から探して，その真下にあるD尺の目盛りが答えになります。

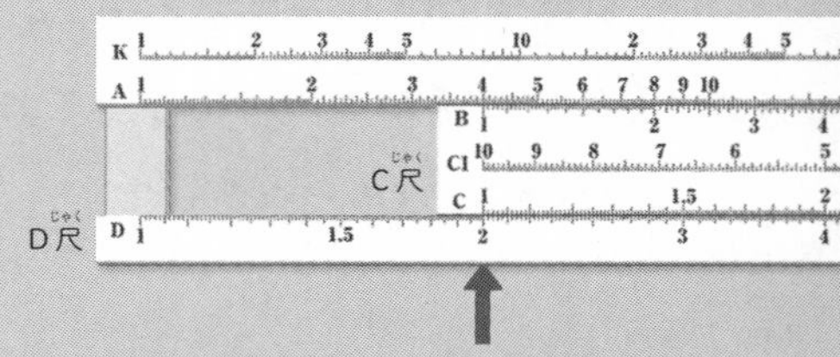

①2×3のうちの「2」をD尺の中で探し，そこにC尺の左端（「1」の目盛り）をスライドさせます。

だけで，計算の答えをみちびきだすことができる優れた計算機ということができます。次は，もう少し複雑な計算をやってみます。

目盛りを合わせるだけで，かけ算の答えが出るなんて，不思議だデン！

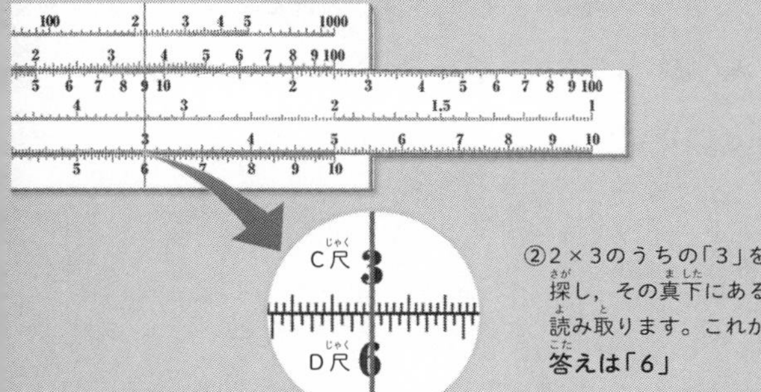

②２×３のうちの「３」をＣ尺の中で探し，その真下にあるＤ尺の値を読み取ります。これが答えです。答えは「６」

11 計算尺で「36×42」を計算してみよう！

36×42を，3.6×4.2とみなす

次に，「36 × 42」を計算してみましょう。手順は2 × 3のときとほぼ同じです。**ただし，計算尺の中に，36や42の目盛りがないので，「3.6 × 4.2」とみなすのがポイントです。**

まず，D尺の3.6の位置にC尺の左端の1を合わせます（80ページのイラスト①）。次に，C尺の4.2の所のD尺の値を読み取ります。しかし，C尺がD尺からはみ出ており，読み取ることができません（81ページのイラスト②）。これを「目外れ」といいます。

滑尺を左側にスライドさせる

そこで最初にもどって，D尺の3.6の位置にC尺の10を合わせます（81ページのイラスト③）。すると滑尺が左方向に出て，C尺の4.2の所のD尺の目盛りを読み取ることができるようになりました。D尺の目盛りの読みは，約1.51です（80ページのイラスト④）。そして位取りを調整するために，1.51に1000をかけると答えの約1510となります。

このような計算尺のしくみには，第3章で紹介する対数や指数の法則が深くかかわっています。計算尺のしくみは，対数や指数の法則を紹介したあとの第4章で，くわしく解説します。

こんな便利な計算機があるなんて，知らなかった！

11 「36 × 42」の求めかた

「2 × 3」と同じ手順で計算をしようとすると，「目外れ」となり，計算できません。そこで，イラスト③④のような工夫が必要です。

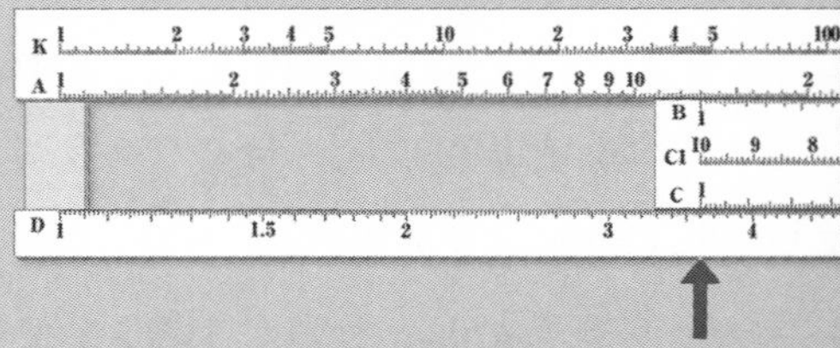

①36 × 42のうちの「36」を「3.6」とみなしてD尺の中で探し，そこにC尺の左端をスライドさせます。

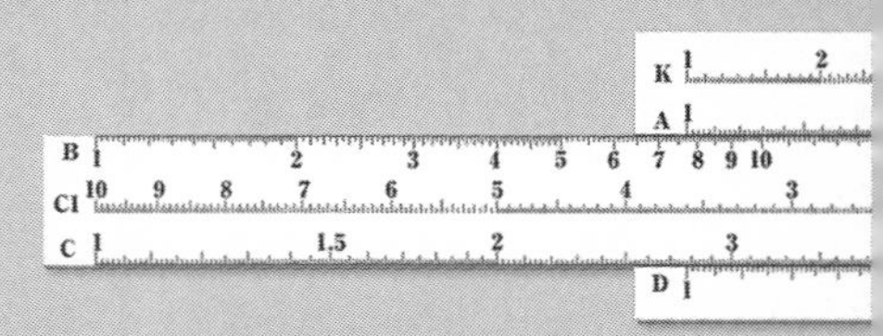

④C尺の「4.2」の真下のD尺の値を読み取ると，「約1.51」。位取りを調整するために，この場合は1.51に1000をかけます。
答えは「約1510」（実際は1512）

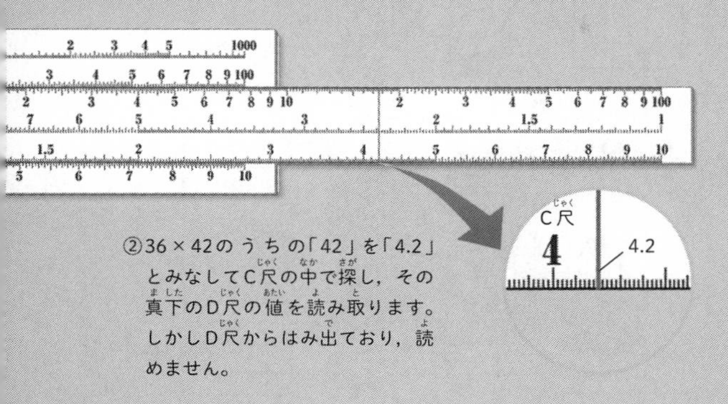
C尺
4
4.2
②36×42のうちの「42」を「4.2」とみなしてC尺の中で探し，その真下のD尺の値を読み取ります。しかしD尺からはみ出ており，読めません。

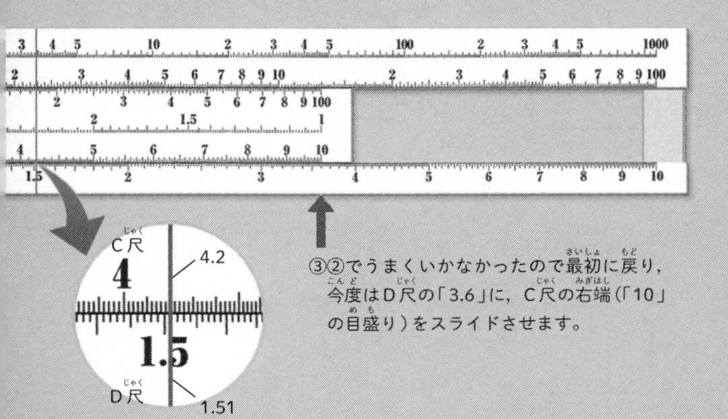
C尺
4
4.2
1.5
D尺
1.51
③②でうまくいかなかったので最初に戻り，今度はD尺の「3.6」に，C尺の右端（「10」の目盛り）をスライドさせます。

発明家，ネイピア
ネイピア13歳　イギリスの大学に入学
ネイピア
すぐに退学してヨーロッパをめぐる
21歳でイギリスにもどりやがて城主となった
領地の収穫量をふやすため
肥料の開発にも取り組む
スペインの艦隊が攻めてくるのを恐れたネイピア
鏡
軍事兵器の開発も行った

SCIENCE COMIC NEWTON

ネイピアは魔術師

ハトに荒らされた畑
ポ
ポ
またか!! なんとかハトをつかまえられないだろうか?
はっ!! ハトのエサにお酒をまぜてやろう!
!
すると……
魔術師だ!!
!?

memo

第3章

指数と対数の計算法則

ここからはいよいよ，指数と対数の計算法則の紹介です！　対数を使いこなすための重要法則であり，対数の核心ともいえるものです。全部で六つの法則を一つずつ，やさしく解説していきます！

1 指数の法則①──累乗のかけ算は，足し算で計算

$2^2 \times 2^3$を計算する

ここからは，指数の三つの重要法則を紹介しましょう。まずは，指数法則①です。

たとえば，$2^2 \times 2^3$のような，累乗（同じ数を何回かくりかえしかけたもの）のかけ算を考えてみます。$2^2 \times 2^3$は，$(2 \times 2) \times (2 \times 2 \times 2)$です。これは2を（2回+3回）くりかえしかけ算する，ということになります。**つまり，$2^2 \times 2^3$は，2^{2+3}で計算できるのです。これは，かけ算を足し算として計算するということです。**

ただし，$2^2 \times 5^3$のように，くりかえしかけ算する数（この場合は2と5）がことなると，この方法は使えません。

1 指数法則①

指数法則①の一般式を示しました。また，黒板には，$5^3 \times 5^4$の例を紹介しています。5をくりかえしかけ算する回数を考えると，指数法則①が成り立つことがわかります。

指数法則①

$$a^p \times a^q = a^{p+q}$$

$5^3 \times 5^4$について考えます。
$5^3 \times 5^4$を，指数を使わない形で表現してみます。

$$5^3 \times 5^4 = (5 \times 5 \times 5) \times (5 \times 5 \times 5 \times 5)$$

5を3回かけ算　　5を4回かけ算

5をくりかえしかけ算する回数は，3 + 4 = 7回です。
したがって，

$$5^3 \times 5^4 = 5^{3+4} = 5^7$$

$5^3 \times 5^4$を計算する

89ページに，$5^3 \times 5^4$の例を紹介しました。先ほどと同じように，$5^3 \times 5^4$は，$(5 \times 5 \times 5) \times (5 \times 5 \times 5 \times 5)$となり，5をくりかえしかけ算する回数は（3回＋4回）です。つまり，$5^3 \times 5^4 = 5^{3+4}$です。

これらを一般式にすると，$a^p \times a^q = a^{p+q}$とあらわせます。

指数法則①の「かけ算を足し算として計算できる」という点は，108ページで紹介する対数の法則①へとつながっているぞ。これは「対数を利用してかけ算を足し算に簡略化できる」ことの理由でもあるので，覚えておこう。

2 指数の法則②—かっこの指数は，指数をかけ算

$(2^2)^3$を計算する

次は$(2^2)^3$のような，かっこの中と外についた指数について考えてみましょう。

$(2^2)^3$は2^2を3回くりかえしかけ算するという意味なので，$(2^2)^3=2^2 \times 2^2 \times 2^2$です。さらにこれは，$(2 \times 2) \times (2 \times 2) \times (2 \times 2)$とあらわせます。つまり，2を$(2 \times 3)$回くりかえしかけ算するということです。**したがって，$(2^2)^3 = 2^{2 \times 3}$となります。**

$(5^3)^4$を計算する

93ページに，$(5^3)^4$の場合を紹介しました。$(5^3)^4=5^3 \times 5^3 \times 5^3 \times 5^3$です。つまり，$(5 \times 5 \times 5) \times (5 \times 5 \times 5) \times (5 \times 5 \times 5) \times (5 \times 5 \times 5)$

とあらわせます。これは5を(3×4)回くりかえしかけ算するということなので，$(5^3)^4=5^{3\times4}$となります。

いずれも，かっこの中の指数と外の指数をかけ算していることになります。一般式であらわせば，$(a^p)^q=a^{p\times q}$です。これが，指数法則②です。

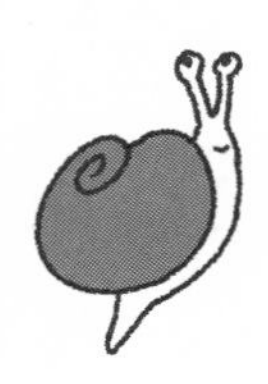

指数法則①は「累乗のかけ算は，指数の部分を足し算する」で，指数法則②は，「累乗の累乗は，指数の部分をかけ算する」だデン。

2 指数法則②

指数法則②の一般式を示しました。また，黒板には，$(5^3)^4$の例を紹介しています。5をくりかえしかけ算する回数を考えると，指数法則②が成り立つことがわかります。

指数法則②

$$(a^p)^q = a^{p \times q}$$

$(5^3)^4$について考えます。
$(5^3)^4$は，5^3を4回くりかえしかけ算するという意味です。

$$(5^3)^4 = 5^3 \times 5^3 \times 5^3 \times 5^3$$
$$= (5\times5\times5)\times(5\times5\times5)\times(5\times5\times5)\times(5\times5\times5)$$

5を3回かけ算　5を3回かけ算　5を3回かけ算　5を3回かけ算

（5を3回かけ算）を4回

5をくりかえしかけ算する回数は，3 × 4 = 12回です。
したがって，

$$(5^3)^4 = 5^{3\times4} = 5^{12}$$

3 指数の法則③——かっこの指数は，中身の全部につける

$(2\times3)^4$を計算する

次は，$(2\times3)^4$のような計算を考えてみましょう。$(2\times3)^4$は，2×3を4回くりかえしかけ算するという意味なので，$(2\times3)\times(2\times3)\times(2\times3)\times(2\times3)$となり，$(2\times2\times2\times2)\times(3\times3\times3\times3)$とあらわせます。**つまり，2を4回，3を4回かけ算しているので，$2^4\times3^4$となります。**

$(5\times7)^3$を計算する

$(5\times7)^3$であれば，$(5\times7)\times(5\times7)\times(5\times7)$となり，$(5\times5\times5)\times(7\times7\times7)$とあらわせます。よって，$(5\times7)^3=5^3\times7^3$です。

いずれも，かっこの外の指数を，中身のかけ算

3 指数法則③

指数法則③の一般式を示しました。また，黒板には$(5\times7)^3$の例を紹介しています。5と7を何回くりかえしかけ算するのかを考えると，指数法則③が成り立つことがわかります。

指数法則③

$$(a\times b)^p = a^p \times b^p$$

$(5\times7)^3$について考えます。
$(5\times7)^3$は，(5×7)を3回くりかえしかけ算するという意味です。

$$(5\times7)^3 = (5\times7)\times(5\times7)\times(5\times7)$$
$$= (5\times5\times5)\times(7\times7\times7)$$

5を3回かけ算　　7を3回かけ算

5をくりかえしかけ算する回数は，3回です。
7をくりかえしかけ算する回数も，3回です。
したがって，

$$(5\times7)^3 = 5^3\times7^3$$

のそれぞれの数につけていることになります。一般式であらわせば，$(a \times b)^p = a^p \times b^p$です。これが指数法則③です。

88～96ページで紹介した指数法則①～③は，指数の計算で役立つのはもちろんのこと，あとで紹介する対数の法則をみちびきだすためにも必要になります。

累乗のかけ算の累乗は，それぞれの累乗の指数の部分をかけ算するということね！

memo

0の指数って何？

博士！　10^0 っていう数が本に出てきたんです。右上の数はかけ算の回数をあらわすんですよね。10を0回かけ算するってどういうことですか？　10^0 は0なんですか？

それを理解するには，$a^{m+n} = a^m \times a^n$ という指数法則①をもとに考えるといいぞ。この式の左辺に，$a = 10$，$m = 0$，$n = 3$ を入れるとどうなるじゃろうか？

えーっと。10^{0+3} ですから，10^3 でしょうか。

そのとおり！　では，右辺はどうなるかな？

$10^0 \times 10^3$ になります。
あっ，そうか！　**左辺は 10^3 で，右辺の $10^0 \times 10^3$ も 10^3 になるのだから，$10^0 = 1$ ということになりますね！**

$10^{0+3} = 10^3 = 10^0 \times 10^3$となるので，$10^0$が1になることがわかる。**$a$が0以外(いがい)の自然数(しぜんすう)のときは，aの0乗(じょう)はかならず1になる。**5^0でも8^0でも15^0でも，すべて1になるのじゃよ。

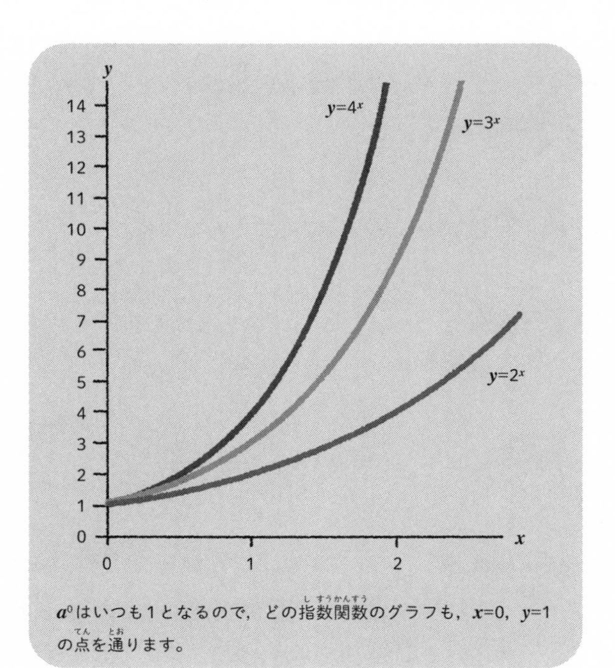

a^0はいつも1となるので，どの指数関数(しすうかんすう)のグラフも，x=0，y=1の点(てん)を通(とお)ります。

マイナスの指数を考えよう！

博士！　指数がマイナスのときは，どうなるのでしょうか？

それを知るには，さきほどの「指数がゼロのときはすべて1になる」ということを利用するといいぞ。まずは，10^0を10^{-2+2}として考えてみるんじゃ。

指数の0を−2＋2とするんですね。

そうじゃ。この10^{-2+2}を指数法則①にあてはめるとどうなるじゃろうか？

えーと，$10^{-2} \times 10^2$になりますね。

正解じゃ！　10^0は1じゃから，$10^{-2} \times 10^2 = 1$となるじゃろ。**この両辺を10^2でわると，$10^{-2} = \frac{1}{10^2}$となるのじゃ。**

指数がマイナスのときは，分数になるんですね！

そのとおり！ **これを一般式で表すと，$a^{-n} = \frac{1}{a^n}$ となるんじゃ（n は正の整数）。**

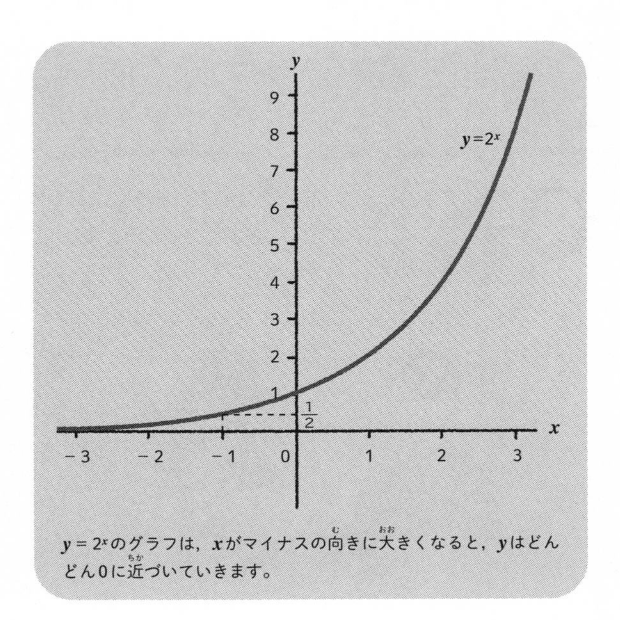

$y = 2^x$ のグラフは，x がマイナスの向きに大きくなると，y はどんどん0に近づいていきます。

指数の計算をしてみよう！

高校3年生の久保くんと前田くん。放課後，和菓子屋に寄ってお気に入りのまんじゅうを食べています。

久保：この店のまんじゅうなら，いくらでも食べられるな。2倍にできる魔法が使えたらいいのにな。

前田：じゃあ，2倍にできる魔法を5回使えるのと，4倍にできる魔法を3回使えるのとどっちがいい？

久保：そりゃあ魔法を使える回数が多い方がたくさん食べられるんじゃないのかな。

Q1 まんじゅうを2倍にできる魔法を5回使えるのと，4倍にできる魔法を3回使えるのとでは，どちらが得でしょうか？

次の日，お昼休みの教室で，久保くんと前田くんが理科の授業の内容について話をしています。

久保：今日の理科の授業で出てきたバクテリアって分裂して，2倍，2倍にふえていくんだって先生が言ってたね。

前田：数学で習った指数関数のことだね。きっとすごい勢いでふえるんだよ。

久保：今から1時間に1回分裂するとしたら，今日の夜には，何倍くらいになっているのかな？

Q2

1時間に1回分裂して2倍にふえるバクテリアが1個います。12時間後には，およそ何個になるでしょうか？ $2^{10} \fallingdotseq 1000$を使って計算してみましょう。

1時間後

12時間後

バクテリア

指数の計算の答え

A① 4倍を3回

2倍を5回くりかえすということは，「2^5」とあらわせます。一方，4倍を3回くりかえすということは「4^3」です。そのまま計算してもよいのですが，ここで，4を$2 \times 2 = 2^2$と考えてみましょう。すると，4^3は$(2^2)^3$となります。指数法則②を使うと，2^6になります。2^5と2^6では，2^6の方が大きいことが，一目瞭然です。

久保：4倍を3回の方が，たくさん食べられるのか！

前田：まぁ，魔法なんて使えるはずないけどね。

A❷ 約4000個

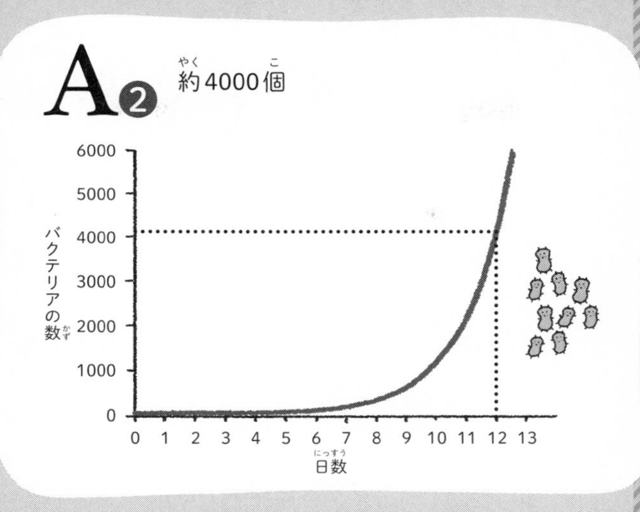

バクテリアの数を考えると，1時間後は$2^1 = 2$倍，2時間後には$2^2 = 4$倍，3時間後には$2^3 = 8$倍とふえます。つまり，12時間後のバクテリアの数は2^{12}倍です。指数法則①から，$2^{12} = 2^{2+10} = 2^2 \times 2^{10}$です。$2^2=4$，$2^{10} \fallingdotseq 1000$なので，$2^{12} \fallingdotseq 4000$となります。よって，12時間後のバクテリアの数は，およそ4000です（実際の数は，4096個）。

久保：まんじゅうもバクテリアみたいにふえたらいいのにな。

前田：またまんじゅうの話かよ！

一，十，百，千，万…どこまで続く？

「万」や「億」など，数の桁をあらわすときに，漢字を使うことがあります。国家予算や大企業の売り上げなどで使われる「兆」までは，多くの人にとって馴染みがあるでしょう。では，そのつづきはどうなっているのでしょうか。

桁をあらわす言葉をまとめたのが右の表です。**これらは，江戸時代の数学者，吉田光由の算術書『塵劫記』の内容が広まったものといわれています。**そしてこの中の「恒河砂」以降は，仏教用語がもとになっているとされています。たとえば，「恒河」はインドのガンジス川のことです。したがって「恒河砂」はガンジス川の砂をあらわし，数かぎりないことのたとえとして仏教で用いられていました。

なお，仏教の経典の一つ華厳経には，数の桁をあらわすほかの言葉も登場します。**その中で最大の「不可説不可説転」を10の指数であらわすと、$10^{37,218,383,881,977,644,441,306,597,687,849,648,128}$** となります。とんでもない数です。

いち 一	10^{0}	じゅう 十	10^{1}	ひゃく 百	10^{2}
せん 千	10^{3}	まん 万	10^{4}	おく 億	10^{8}
ちょう 兆	10^{12}	けい 京	10^{16}	がい 垓	10^{20}
じょ 秭	10^{24}	じょう 穣	10^{28}	こう 溝	10^{32}
かん 澗	10^{36}	せい 正	10^{40}	さい 載	10^{44}
ごく 極	10^{48}	ごうがしゃ 恒河沙	10^{52}	あそうぎ 阿僧祇	10^{56}
なゆた 那由他	10^{60}	ふかしぎ 不可思議	10^{64}	むりょうたいすう 無量大数	10^{68}

注意：表記や数値については，諸説あります。

4 対数の法則①―かけ算を足し算に変換

$\log_{10}(100 \times 1{,}000)$を計算する

ここからは，ついに対数法則の紹介です。ここから紹介する三つの法則をマスターすれば，対数を思い通りに使いこなせることでしょう。

まずは対数法則①です。10を底とする対数$\log_{10}(100 \times 1{,}000)$について考えてみます。$100 \times 1{,}000$を計算すると，$100{,}000 = 10^5$です。$\log_{10}10^5 = 5$なので，$\log_{10}(100 \times 1{,}000) = 5$となります。

一方，$100 = 10^2$なので，$\log_{10}100 = 2$です。また，$1{,}000 = 10^3$なので$\log_{10}1{,}000 = 3$です。すると，$\log_{10}100 + \log_{10}1{,}000 = 2 + 3$となり，この値も5です。

4 対数法則①

対数法則①の一般式を示しました。黒板では，$\log_{10}$（100 × 1,000）で，対数法則①が成り立つことを示しています。

対数法則①

$$\log_a(M \times N) = \log_a M + \log_a N$$

$\log_{10}$（100 × 1,000）について考えます。
100 × 1,000を計算すると，100,000 = 10^5です。よって，

$$\log_{10}(100 \times 1{,}000) = \log_{10}10^5 = 5 \quad \cdots\cdots ❶$$

一方，$\log_{10}100 = 2$，$\log_{10}1000 = 3$です。つまり，

$$\log_{10}100 + \log_{10}1{,}000 = 5 \quad \cdots\cdots ❷$$

したがって，❶と❷より

$$\log_{10}(100 \times 1{,}000) = \log_{10}100 + \log_{10}1{,}000$$

$\log_{10}(100 \times 1{,}000) =$ $\log_{10}100 + \log_{10}1{,}000$

$\log_{10}(100 \times 1{,}000)$と$\log_{10}100 + \log_{10}1{,}000$はともに5であり，$\log_{10}(100 \times 1{,}000) = \log_{10}100 + \log_{10}1{,}000$が成り立つことがわかります。

これは，偶然ではありません。**これが対数法則①です。一般式にすると，$\log_a(M \times N) = \log_a M + \log_a N$です。**この法則を使うと，かけ算が足し算へと変換されます。

おさらいじゃ。logの右下の小さな数は「底」で，かけ算をくりかえす回数。その右の数は「真数」で，かけ算をくりかえしてできあがる数だぞ。

5 対数の法則②—割り算を引き算に変換

$\log_{10}(100{,}000 \div 100)$を計算する

次に，対数法則②を紹介しましょう。今度は10を底とする対数$\log_{10}(100{,}000 \div 100)$を考えてみます。

$100{,}000 \div 100$を計算すると，$1{,}000 (= 10^3)$です。$\log_{10}10^3 = 3$なので，$\log_{10}(100{,}000 \div 100) = 3$となります。

一方，$100{,}000 = 10^5$なので，$\log_{10}100{,}000 = 5$です。また，$100 = 10^2$なので，$\log_{10}100 = 2$です。すると，$\log_{10}100{,}000 - \log_{10}100 = 5 - 2$となり，この値も3です。

$\log_{10}(100{,}000 \div 100) = \log_{10}100{,}000 - \log_{10}100$

$\log_{10}(100{,}000 \div 100)$と$\log_{10}100{,}000 - \log_{10}100$はともに3であり，$\log_{10}(100{,}000 \div 100) = \log_{10}100{,}000 - \log_{10}100$が成り立つことがわかります。

これもまた，偶然の一致ではありません。これが対数法則②です。一般式にすると，$\log_a(M \div N) = \log_a M - \log_a N$となります。ここでは，割り算が引き算の形に変換されています。

対数の法則①では，かけ算が足し算の形になっていて，対数の法則②では，割り算が引き算の形になっているデン。

5 対数法則②

対数法則②の一般式を示しました。黒板では，$\log_{10}$（100,000 ÷ 100）で，対数法則②が成り立つことを示しています。

対数法則②

$$\log_a (M \div N) = \log_a M - \log_a N$$

$\log_{10}$（100,000 ÷ 100）について考えます。
100,000 ÷ 100 を計算すると，$1000 = 10^3$ です。よって，

$$\log_{10}(100{,}000 \div 100) = \log_{10} 10^3 = 3 \quad \cdots\cdots ❶$$

一方，$\log_{10} 100{,}000 = 5$，$\log_{10} 100 = 2$ です。

$$\log_{10} 100{,}000 - \log_{10} 100 = 3 \quad \cdots\cdots ❷$$

したがって，❶と❷より

$$\log_{10}(100{,}000 \div 100) = \log_{10} 100{,}000 - \log_{10} 100$$

6 対数の法則③──累乗を簡単なかけ算に変換

$\log_{10} 100^2$を計算する

つづいて，対数法則③を紹介しましょう。今度は10を底とする対数$\log_{10} 100^2$について考えます。

まず，$\log_{10} 100^2$の値を計算してみましょう。$\log_{10} 100^2 = \log_{10}(100 \times 100) = \log_{10} 10{,}000$となります。$10{,}000 = 10^4$なので，$\log_{10} 10{,}000 = 4$です。したがって，$\log_{10} 100^2 = 4$です。

次に，指数の部分を頭に移動させた$2 \times \log_{10} 100$を計算してみましょう。$100 = 10^2$ですから，$\log_{10} 100 = 2$です。よって，$2 \times \log_{10} 100 = 2 \times 2 = 4$となります。

6 対数法則③

対数法則③の一般式を示しました。黒板では，$\log_{10}100^2$で，対数法則③が成り立つことを示しています。

対数法則③

$$\log_a M^k = k \times \log_a M$$

$\log_{10}100^2$について考えます。
100^2は100×100なので，計算すると$10{,}000 = 10^4$です。

$$\log_{10}100^2 = \log_{10}10^4 = 4 \quad \cdots\cdots❶$$

次に，$2 \times \log_{10}100$を考えます。100は10^2なので，

$$\log_{10}100 = \log_{10}10^2 = 2$$

$$2 \times \log_{10}100 = 2 \times 2 = 4 \quad \cdots\cdots❷$$

したがって，

$$\log_{10}100^2 = 2 \times \log_{10}100$$

$\log_{10}100^2 = 2 \times \log_{10}100$

$\log_{10}100^2$と，$2 \times \log_{10}100$はともに4であり，$\log_{10}100^2 = 2 \times \log_{10}100$が成り立つことがわかります。

これも偶然の一致ではありません。**これが，対数法則③です。一般式にすると，$\log_a M^k = k \times \log_a M$となります。**ここでは，$k$乗というめんどうな累乗の計算が，$k$倍という簡単なかけ算に変換されています。

対数の法則はどれも，桁の多い計算を簡単にして行うことができる，便利な道具ね！

memo

対数の計算をしてみよう！

久保くんと前田くんが，飛行場で話をしています。

久保：飛行機ってすごい音。何デシベル（dB）なんだろう？

前田：なんなの？ デシベルって？

久保：音の大きさの単位だよ。「音圧」（空気圧の変動の大きさ）から，対数を使ってデシベルを計算しているんだ。会話が60デシベルくらい。飛行機は，会話の数百倍～数千倍の音圧らしいよ。

前田：くわしいな。それじゃあ，飛行機は何デシベルなの？

Q1

音は，音圧が10倍になるごとに，20デシベル上がります。飛行機の音圧が，60デシベルの会話の2000倍だとすると，飛行機の音の大きさ（デシベル）は，$60 + 20 \times \log_{10}2000$ で計算できます。このときの飛行機の音圧は何デシベルでしょうか？ $\log_{10}2 \fallingdotseq 0.301$ を使って計算してみましょう！

飛行場からの帰り道，久保くんと前田くんは，宝くじ売り場をみつけました。

久保：最近の宝くじって10億円も当たるんだね。10億円当たんないかな。

前田：それよりもさ，この前の指数の授業で習った米粒を毎日倍にしてもらうみたいに，小遣いを1円からはじめて毎日倍にしてもらえばいいんじゃない？

久保：それいいね。何日で10億円になるのかな？

Q2

初日に1円，2日目に2円，3日目に4円と，おこづかいが倍々にふえていくとき，10億円をもらえるのは何日後でしょうか？ $\log_2 5 \fallingdotseq 2.32$ を使って計算してみましょう！

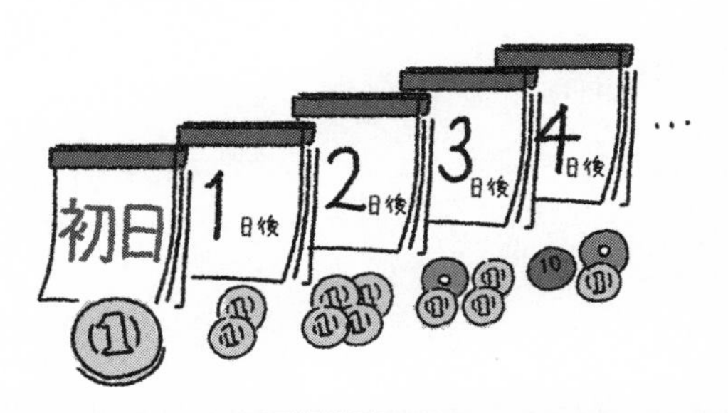

対数の計算の答え

A① およそ126デシベル

飛行機の音の大きさ（デシベル）は，$60 + 20 \times \log_{10}2000$ です。$\log_{10}2000$ は，対数法則①より，$\log_{10}(2 \times 1000) = \log_{10}2 + \log_{10}1000$ となります。また，$\log_{10}1000 = 3$ で，$\log_{10}2 \fallingdotseq 0.301$ です。よって，$\log_{10}2000 \fallingdotseq 3 + 0.301 = 3.301$ です。これを最初の式に当てはめると，飛行機の音は，およそ126デシベルになります。

前田：~~2000倍も音圧のちがう音が聞こえるって，すごいな！~~

久保：何か言った？　飛行機がうるさくて全然聞こえないよ。

A② 30日後

「10億は2を何回かけ算した数か」ということなので，$\log_2 1000000000 = \log_2 10^9$という対数の計算になります。$\log_2 10^9$は，対数法則③から$9 \times \log_2 10$です。さらに$9 \times \log_2(2 \times 5)$に変形すると，対数法則①から$9 \times (\log_2 2 + \log_2 5)$となります。$\log_2 2 = 1$で，$\log_2 5 \fallingdotseq 2.32$です。したがって，$9 \times (1 + 2.32) \fallingdotseq 29.9$となります。つまり10億円をもらえるのは30日後ということです。

久保：30日くらいなら，余裕で待てるよ！

パソコンのログとは？

　パソコンを使っていると，「ログイン」や，単に「ログ」といった言葉を目にすると思います。この「ログ」とは，記録や履歴のことを指します。対数の**log**と関係あるのでしょうか。

　記録や履歴をログというのは，船の速度を記した航海日誌を「ログブック」とよんだことに由来します。ログにはもともと「丸太」の意味があり，船の速度を測るのにかつて丸太が使われていたのです。丸太を船の斜め前方に投げ入れ，丸太が船首から船尾まで到達する時間を計測し，その時間と船のサイズから速度を計算していました。のちに，航空日誌も「ログブック」よばれ，さらにコンピューター用語としてもログが用いられました。日記形式のウェブサイト「ブログ」は，ウェブ上の記録という意味の「ウェブログ」を省略した言葉です。

一方，対数のlogはlogarithmという英語を省略したものです。ギリシャ語の比を意味する「logos」と，数を意味する「arithmos」を組み合わせてネイピアが考えたといわれています。パソコンのログとは由来がことなるのです。

第4章

計算尺と対数表を使って計算しよう！

第4章では，対数を使って，いろいろな計算に挑戦してみましょう！　そのために必要なのは，第3章でみた指数と対数の法則だけです。まずは，第2章で登場した計算尺のことを，思い出してください。計算尺は，いったいどんなしくみで，計算の答えをだしていたのでしょうか。また，複雑な計算を精度よく，簡単にこなすことのできる「常用対数表」を利用した計算法も紹介します！

1 対数目盛りが計算尺のカギだった！

計算尺の目盛りは，「対数目盛り」

第2章の72～81ページで紹介した計算尺を思い出してみてください。いったいどうやって答えを出していたのでしょうか。指数や対数の法則を利用して，計算尺で計算を簡略化できるしくみを考えていきましょう。まずは，計算尺の目盛りをよくみてください。

計算尺の目盛りは，目盛りが等間隔ではありません。「対数目盛り」とよばれるものです。これは，原点からそれぞれの目盛りまでの距離が，対数の値となっているものです。

対数目盛りの間隔は，対数の値になっている

対数目盛りでは，原点の目盛りが1です（128〜129ページのイラストを参照）。0ではないので注意しましょう。そして，目盛り1から目盛り2までの距離が$\log_{10}2$，目盛り1から目盛り3までの距離が$\log_{10}3$，目盛り1から目盛り4までの距離が$\log_{10}4$，目盛り1から目盛り5までの距離が$\log_{10}5$……というふうに，目盛りがふってあります。この対数目盛りこそ，計算尺のしくみを読み解くカギです。

対数目盛りは，桁数が広い範囲におよぶ数を取り扱う際などに便利で，さまざまな場面で重宝されているぞ。

1 計算尺の対数目盛り

計算尺の目盛りは，対数目盛りです。たとえば，計算尺の「2」の目盛りは，原点（1）から$\log_{10}2$（≒0.3010）はなれた場所にふられています。

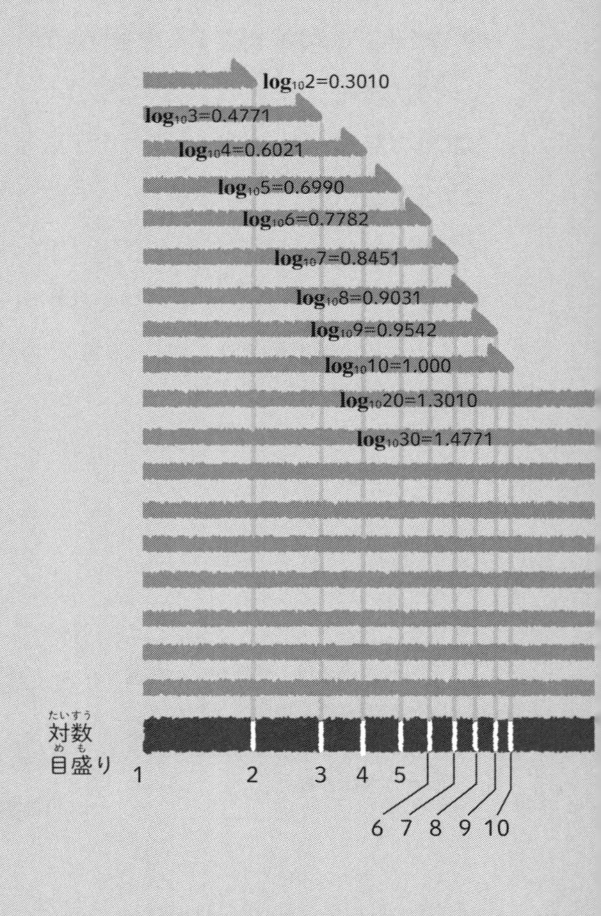

計算尺の目盛りの位置は，対数の値にもとづいていたのね。

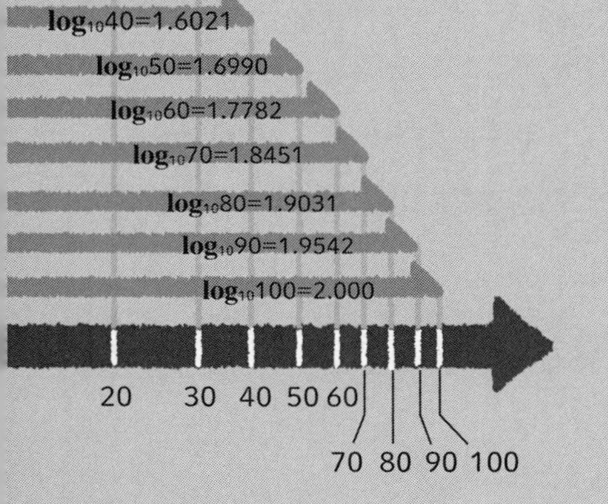

2 計算尺のしくみ——2×3の計算

$\log_{10}(2\times3)$を足し算に変換

ここでは，75～77ページで紹介した「2×3」を計算尺で計算できるしくみを考えてみましょう。

最初に，2×3を，$\log_{10}(2\times3)$という対数の形にします。対数法則①により，$\log_{10}(2\times3)=\log_{10}2+\log_{10}3$です。「2×3」のかけ算が足し算に変換されています。ここで，$\log_{10}(2\times3)=\log_{10}2+\log_{10}3=\log_{10}\square$だとしましょう。すると，2×3＝□となります。**計算尺は，この□の数を求めることで，計算の答えをみちびきだすのです。**

計算尺で$\log_{10}2$と$\log_{10}3$を足し算する

　計算尺（132～133ページのイラスト）を使った計算では，まずD尺の中に，「2」の目盛りを探します。対数目盛りなので，原点「1」からの距離は$\log_{10}2$です。次にC尺の原点「1」をD尺の「2」に合わせ，「3」の目盛りをC尺の中に探します。この作業は，D尺の$\log_{10}2$とC尺の$\log_{10}3$を足し算することにあたります。

　そして，C尺の「3」の位置の真下にきているD尺の目盛り「6」を読みます。**この作業は，$\log_{10}2+\log_{10}3=\log_{10}$□の，□の数を読み取っていることと同じです。**これにより，□＝6とわかります。つまり，この6が2×3の計算の答えです。

2 2×3の計算のしくみ

計算尺では，D尺の「2」の目盛りにC尺の原点1を合わせ，C尺の「3」の目盛りの真下にあるD尺の値を読み取ります。「6」が答えです。

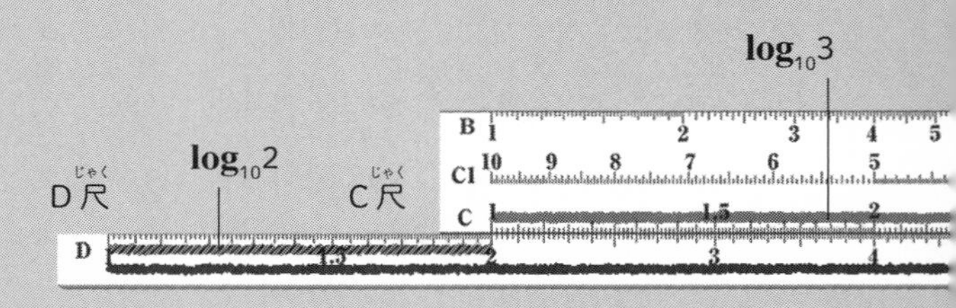

$\log_{10}(2\times3)$を考えます。対数法則①より，

$\log_{10}(2\times3)=\log_{10}2+\log_{10}3$……❶

D尺の「2」の目盛りにC尺の「1」を合わせると，

網掛けの線の長さ$=\log_{10}2$

グレーの線の長さ$=\log_{10}3$

したがって，

黒い線の長さ＝網掛けの線の長さ＋グレーの線の長さ

$=\log_{10}2+\log_{10}3$……❷

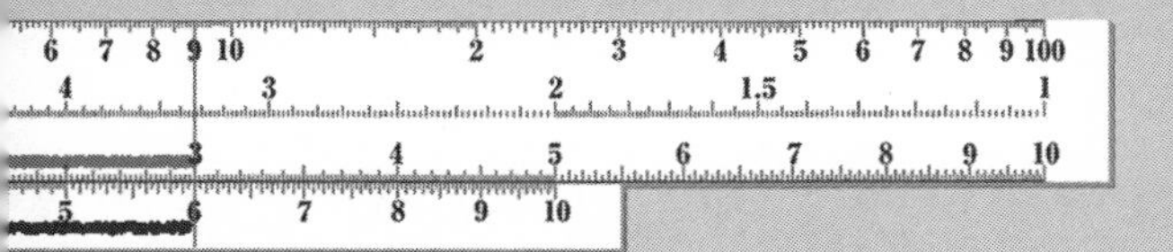

一方，D尺から数値を読み取ると，

黒い線の長さ $=\log_{10}6$……❸

❷と❸は等しいので，

$$\log_{10}2+\log_{10}3=\log_{10}6$$

この式と❶より，

$$\log_{10}(2\times 3)=\log_{10}6$$

両辺の真数を見くらべると，2×3=6であることがわかります。

3 計算尺のしくみ── 36×42の計算①

$\log_{10}(3.6\times4.2)$を足し算に変換

つづいて，78～81ページで取り上げた，計算尺で「36×42」を計算できるしくみを考えましょう。

まず，計算尺のC尺とD尺の目盛りは「1～10」の範囲なので，それに合わせて36と42をそれぞれ$\frac{1}{10}$の3.6と4.2とみなします。そして，3.6×4.2を$\log_{10}(3.6\times4.2)$と，対数の形にします。

次に，対数法則①により，$\log_{10}(3.6\times4.2)=\log_{10}3.6+\log_{10}4.2$と変形します。ここで，先ほどの2×3と同じように，D尺の「3.6」にC尺の「1」を合わせ，そのときのC尺の「4.2」の目盛りを探します（136～137ページのイラスト）。そして，その下のD尺の目盛りを読みます。

$\log_{10}3.6 + \log_{10}4.2$が，D尺の範囲をこえる

ところが，C尺の「4.2」の下には，D尺の目盛りがありません。**つまり，136～137ページのイラストのように，$\log_{10}3.6 + \log_{10}4.2$の長さがD尺の範囲をこえてしまっているのです。これは，目外れという失敗です。**

ここでは失敗したけど，答えを
出す方法はあるデン。

3 36 × 42の計算のしくみ①

計算尺では，D尺の「3.6」の目盛りにC尺の原点「1」を合わせ，C尺の「4.2」の真下にあるD尺の値を読み取ります。ここでは読み取ることができないため失敗です。

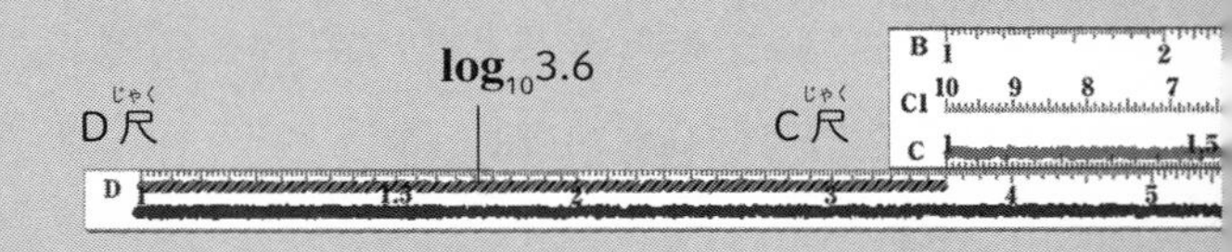

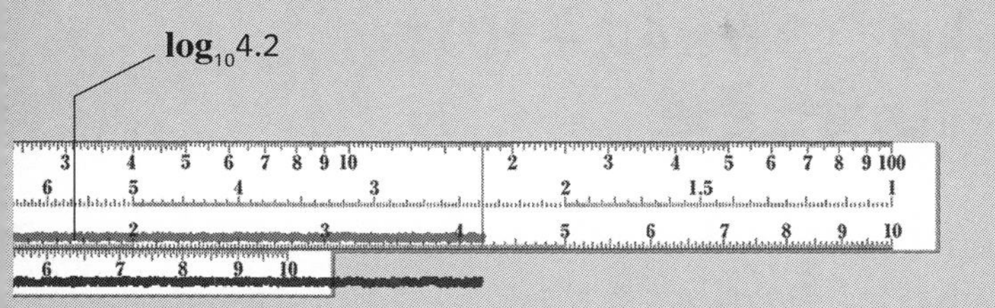

$\log_{10}(3.6 \times 4.2)$を考えます。対数法則①より，

$$\log_{10}(3.6 \times 4.2) = \log_{10}3.6 + \log_{10}4.2$$

D尺の「3.6」の目盛りにC尺の「1」を合わせると，

網掛けの線の長さ = $\log_{10}3.6$

グレーの線の長さ = $\log_{10}4.2$

したがって，

黒い線の長さ = 網掛けの線の長さ + グレーの線の長さ

$= \log_{10}3.6 + \log_{10}4.2$

ところが，$\log_{10}3.6 + \log_{10}4.2$の長さは，D尺からは読みとれません。

目外れによる失敗!!

4 計算尺のしくみ―36×42の計算②

$\log_{10}(3.6\times4.2\div10)$を引き算に変換

前のページでは，36 × 42を3.6 × 4.2としましたが，目外れで失敗しました。そこで，さらに10で割り，（3.6 × 4.2 ÷ 10）で考えます。

まず，$\log_{10}(3.6\times4.2\div10)$の形にします。対数法則①と②より，$\log_{10}(3.6\times4.2\div10)=\log_{10}3.6+\log_{10}4.2-\log_{10}10$です。さらに，この式は$\log_{10}3.6-(\log_{10}10-\log_{10}4.2)$と変形できます。ここで，$\log_{10}(3.6\times4.2\div10)=\log_{10}3.6-(\log_{10}10-\log_{10}4.2)=\log_{10}\square$だとしましょう。すると，3.6 × 4.2 ÷ 10 = □となります。この□を計算尺で求めます。

計算尺でlogの引き算を行う

計算尺（140～141ページのイラスト）では，C尺の「10」の目盛りをD尺の「3.6」の目盛りに合わせ，C尺の中で「4.2」の目盛りを探します。C尺の「10」と「4.2」の目盛りの距離は，$(\log_{10}10 - \log_{10}4.2)$ です。つまり，今行った作業は，D尺の$\log_{10}3.6$から，C尺の$(\log_{10}10 - \log_{10}4.2)$を引き算することにあたります。その結果，C尺の「4.2」の目盛りの真下にあるD尺の値は，おおよそ「1.51」と読み取れます。**これは$\log_{10}3.6 - (\log_{10}10 - \log_{10}4.2) = \log_{10}\square$の，□の数を読み取ることと同じです。**

これより□≒1.51とわかります。3.6×4.2÷10≒1.51なので，36×42の答えが「約1510」とわかるのです。

4 36 × 42の計算のしくみ②

計算尺では，D尺の「3.6」の目盛りにC尺の「10」の目盛りを合わせ，C尺の「4.2」の目盛りの真下にあるD尺の値「約1.51」を読み取ります。桁数を調整し，「約1510」が答えです。

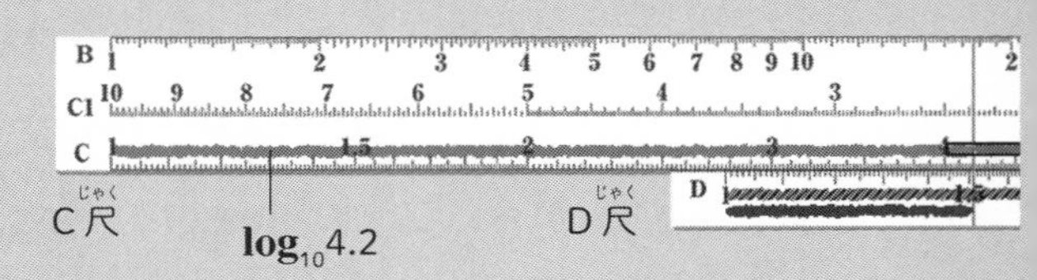

$\log_{10}(3.6 \times 4.2 \div 10)$を考えます。対数法則①②より，

$$\log_{10}(3.6 \times 4.2 \div 10) = \log_{10}3.6 + \log_{10}4.2 - \log_{10}10$$
$$= \log_{10}3.6 - (\log_{10}10 - \log_{10}4.2) \quad \cdots\cdots❶$$

D尺の「3.6」の目盛りにC尺の「10」を合わせると，

網掛けの線の長さ $= \log_{10}3.6$

グレーの線の長さ $= \log_{10}4.2$

また，黒い枠の線の長さは，C尺全体（$\log_{10}10$）からグレーの線を引いた値なので，

黒い枠の線の長さ $= \log_{10}10 - \log_{10}4.2$

よって，

黒い線の長さ＝網掛けの線の長さ－黒い枠の線の長さ

$$= \log_{10}3.6 - (\log_{10}10 - \log_{10}4.2) \quad \cdots\cdots❷$$

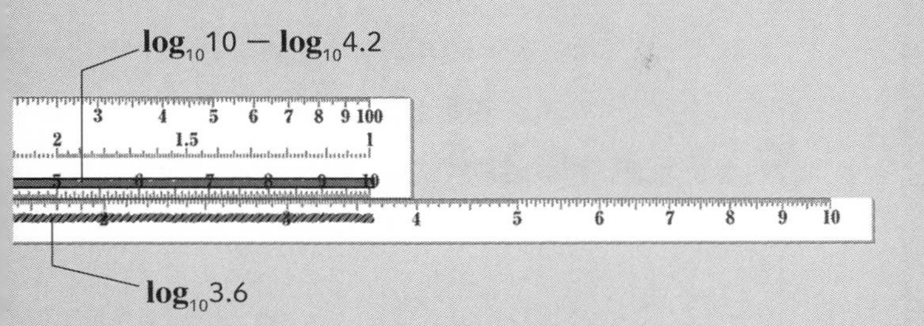

一方，D尺から数値を読み取ると，

$$黒い線の長さ = \log_{10}1.51 \cdots\cdots ❸$$

❶❷❸より，

$$\log_{10}(3.6 \times 4.2 \div 10) \fallingdotseq \log_{10}1.51$$

真数部分を比較すると，

$$3.6 \times 4.2 \div 10 \fallingdotseq 1.51$$

したがって，この式の両辺に1000をかけて，$36 \times 42 \fallingdotseq 1510$であることがわかります。

こんな映画に計算尺が登場！

計算尺は，つい40～50年前まで，科学者や技術者の必需品でした。**そのため，当時の科学者・技術者をえがいた映画の中には，計算尺がたびたび登場します。**

たとえば，有人月飛行のようすをえがいた映画『アポロ13』(1995年公開)では，スペースシャトルの軌道を計算するために，計算尺が用いられています。また，スタジオジブリの『風立ちぬ』(2013年公開)では，飛行機の設計のために使用されました。そのほか，リチャード・ギア主演の青春映画『愛と青春の旅だち』(1982年公開)や，豪華客船の沈没事故をえがいた『タイタニック』(1997年公開)など，数多くの映画に計算尺は登場します。

映画に登場するほど，計算尺は頻繁に利用されるツールだったわけです。しかし現在では，パソコンやスマートフォンが計算尺にとってかわり，実際に使っている人はほとんどいません。

5 常用対数表を使えば むずかしい計算も簡単に

常用対数表とは，10を底とする対数の一覧表

対数を利用した計算の簡略化は，「常用対数表」を使って行うこともできます。**常用対数表とは，10を底とする対数の一覧表です（146～151ページの表）。**まずは実際に，146～147ページの表から，$\log_{10}1.31$の値を探してみましょう。

常用対数表を使えば，計算の誤差を小さくできる

はじめに，表の左端の列から，1.31の小数第1位までの値「1.3」を探します。次に，上端の行から，1.31の小数第2位の値「1」を探します。

この1.3の列と，1の行が交差する部分の数「0.1173」が，$\log_{10}1.31$の値です。

つまり，真数の「整数部分と小数第1位」の値を左端から，真数の「小数第2位」の値を上端から探し，両者の交差する部分の数を読み取れば，その真数に対する常用対数の値を知ることができます。

桁数の多い常用対数表を使えば，一般的な計算尺よりも，計算結果の誤差を小さくすることができます。152ページから，常用対数表を使って，複雑なかけ算をやってみましょう。

計算尺を使った計算は手軽だが，ある程度の誤差が発生するという弱点がある。だが，対数表を使えば，より正確に計算ができるぞ。

5 常用対数表（1.0 ～ 3.9）

ワクは$\log_{10}1.31$の値を示しています。

数	0	1	2	3	4
1.0	0.0000	0.0043	0.0086	0.0128	0.0170
1.1	0.0414	0.0453	0.0492	0.0531	0.0569
1.2	0.0792	0.0828	0.0864	0.0899	0.0934
1.3	0.1139	0.1173	0.1206	0.1239	0.1271
1.4	0.1461	0.1492	0.1523	0.1553	0.1584
1.5	0.1761	0.1790	0.1818	0.1847	0.1875
1.6	0.2041	0.2068	0.2095	0.2122	0.2148
1.7	0.2304	0.2330	0.2355	0.2380	0.2405
1.8	0.2553	0.2577	0.2601	0.2625	0.2648
1.9	0.2788	0.2810	0.2833	0.2856	0.2878
2.0	0.3010	0.3032	0.3054	0.3075	0.3096
2.1	0.3222	0.3243	0.3263	0.3284	0.3304
2.2	0.3424	0.3444	0.3464	0.3483	0.3502
2.3	0.3617	0.3636	0.3655	0.3674	0.3692
2.4	0.3802	0.3820	0.3838	0.3856	0.3874
2.5	0.3979	0.3997	0.4014	0.4031	0.4048
2.6	0.4150	0.4166	0.4183	0.4200	0.4216
2.7	0.4314	0.4330	0.4346	0.4362	0.4378
2.8	0.4472	0.4487	0.4502	0.4518	0.4533
2.9	0.4624	0.4639	0.4654	0.4669	0.4683
3.0	0.4771	0.4786	0.4800	0.4814	0.4829
3.1	0.4914	0.4928	0.4942	0.4955	0.4969
3.2	0.5051	0.5065	0.5079	0.5092	0.5105
3.3	0.5185	0.5198	0.5211	0.5224	0.5237
3.4	0.5315	0.5328	0.5340	0.5353	0.5366
3.5	0.5441	0.5453	0.5465	0.5478	0.5490
3.6	0.5563	0.5575	0.5587	0.5599	0.5611
3.7	0.5682	0.5694	0.5705	0.5717	0.5729
3.8	0.5798	0.5809	0.5821	0.5832	0.5843
3.9	0.5911	0.5922	0.5933	0.5944	0.5955

5	6	7	8	9
0.0212	0.0253	0.0294	0.0334	0.0374
0.0607	0.0645	0.0682	0.0719	0.0755
0.0969	0.1004	0.1038	0.1072	0.1106
0.1303	0.1335	0.1367	0.1399	0.1430
0.1614	0.1644	0.1673	0.1703	0.1732
0.1903	0.1931	0.1959	0.1987	0.2014
0.2175	0.2201	0.2227	0.2253	0.2279
0.2430	0.2455	0.2480	0.2504	0.2529
0.2672	0.2695	0.2718	0.2742	0.2765
0.2900	0.2923	0.2945	0.2967	0.2989
0.3118	0.3139	0.3160	0.3181	0.3201
0.3324	0.3345	0.3365	0.3385	0.3404
0.3522	0.3541	0.3560	0.3579	0.3598
0.3711	0.3729	0.3747	0.3766	0.3784
0.3892	0.3909	0.3927	0.3945	0.3962
0.4065	0.4082	0.4099	0.4116	0.4133
0.4232	0.4249	0.4265	0.4281	0.4298
0.4393	0.4409	0.4425	0.4440	0.4456
0.4548	0.4564	0.4579	0.4594	0.4609
0.4698	0.4713	0.4728	0.4742	0.4757
0.4843	0.4857	0.4871	0.4886	0.4900
0.4983	0.4997	0.5011	0.5024	0.5038
0.5119	0.5132	0.5145	0.5159	0.5172
0.5250	0.5263	0.5276	0.5289	0.5302
0.5378	0.5391	0.5403	0.5416	0.5428
0.5502	0.5514	0.5527	0.5539	0.5551
0.5623	0.5635	0.5647	0.5658	0.5670
0.5740	0.5752	0.5763	0.5775	0.5786
0.5855	0.5866	0.5877	0.5888	0.5899
0.5966	0.5977	0.5988	0.5999	0.6010

5 常用対数表（4.0 ～ 6.9）

数	0	1	2	3	4
4.0	0.6021	0.6031	0.6042	0.6053	0.6064
4.1	0.6128	0.6138	0.6149	0.6160	0.6170
4.2	0.6232	0.6243	0.6253	0.6263	0.6274
4.3	0.6335	0.6345	0.6355	0.6365	0.6375
4.4	0.6435	0.6444	0.6454	0.6464	0.6474
4.5	0.6532	0.6542	0.6551	0.6561	0.6571
4.6	0.6628	0.6637	0.6646	0.6656	0.6665
4.7	0.6721	0.6730	0.6739	0.6749	0.6758
4.8	0.6812	0.6821	0.6830	0.6839	0.6848
4.9	0.6902	0.6911	0.6920	0.6928	0.6937
5.0	0.6990	0.6998	0.7007	0.7016	0.7024
5.1	0.7076	0.7084	0.7093	0.7101	0.7110
5.2	0.7160	0.7168	0.7177	0.7185	0.7193
5.3	0.7243	0.7251	0.7259	0.7267	0.7275
5.4	0.7324	0.7332	0.7340	0.7348	0.7356
5.5	0.7404	0.7412	0.7419	0.7427	0.7435
5.6	0.7482	0.7490	0.7497	0.7505	0.7513
5.7	0.7559	0.7566	0.7574	0.7582	0.7589
5.8	0.7634	0.7642	0.7649	0.7657	0.7664
5.9	0.7709	0.7716	0.7723	0.7731	0.7738
6.0	0.7782	0.7789	0.7796	0.7803	0.7810
6.1	0.7853	0.7860	0.7868	0.7875	0.7882
6.2	0.7924	0.7931	0.7938	0.7945	0.7952
6.3	0.7993	0.8000	0.8007	0.8014	0.8021
6.4	0.8062	0.8069	0.8075	0.8082	0.8089
6.5	0.8129	0.8136	0.8142	0.8149	0.8156
6.6	0.8195	0.8202	0.8209	0.8215	0.8222
6.7	0.8261	0.8267	0.8274	0.8280	0.8287
6.8	0.8325	0.8331	0.8338	0.8344	0.8351
6.9	0.8388	0.8395	0.8401	0.8407	0.8414

5	6	7	8	9
0.6075	0.6085	0.6096	0.6107	0.6117
0.6180	0.6191	0.6201	0.6212	0.6222
0.6284	0.6294	0.6304	0.6314	0.6325
0.6385	0.6395	0.6405	0.6415	0.6425
0.6484	0.6493	0.6503	0.6513	0.6522
0.6580	0.6590	0.6599	0.6609	0.6618
0.6675	0.6684	0.6693	0.6702	0.6712
0.6767	0.6776	0.6785	0.6794	0.6803
0.6857	0.6866	0.6875	0.6884	0.6893
0.6946	0.6955	0.6964	0.6972	0.6981
0.7033	0.7042	0.7050	0.7059	0.7067
0.7118	0.7126	0.7135	0.7143	0.7152
0.7202	0.7210	0.7218	0.7226	0.7235
0.7284	0.7292	0.7300	0.7308	0.7316
0.7364	0.7372	0.7380	0.7388	0.7396
0.7443	0.7451	0.7459	0.7466	0.7474
0.7520	0.7528	0.7536	0.7543	0.7551
0.7597	0.7604	0.7612	0.7619	0.7627
0.7672	0.7679	0.7686	0.7694	0.7701
0.7745	0.7752	0.7760	0.7767	0.7774
0.7818	0.7825	0.7832	0.7839	0.7846
0.7889	0.7896	0.7903	0.7910	0.7917
0.7959	0.7966	0.7973	0.7980	0.7987
0.8028	0.8035	0.8041	0.8048	0.8055
0.8096	0.8102	0.8109	0.8116	0.8122
0.8162	0.8169	0.8176	0.8182	0.8189
0.8228	0.8235	0.8241	0.8248	0.8254
0.8293	0.8299	0.8306	0.8312	0.8319
0.8357	0.8363	0.8370	0.8376	0.8382
0.8420	0.8426	0.8432	0.8439	0.8445

5 常用対数表（7.0 ～ 9.9）

数	0	1	2	3	4
7.0	0.8451	0.8457	0.8463	0.8470	0.8476
7.1	0.8513	0.8519	0.8525	0.8531	0.8537
7.2	0.8573	0.8579	0.8585	0.8591	0.8597
7.3	0.8633	0.8639	0.8645	0.8651	0.8657
7.4	0.8692	0.8698	0.8704	0.8710	0.8716
7.5	0.8751	0.8756	0.8762	0.8768	0.8774
7.6	0.8808	0.8814	0.8820	0.8825	0.8831
7.7	0.8865	0.8871	0.8876	0.8882	0.8887
7.8	0.8921	0.8927	0.8932	0.8938	0.8943
7.9	0.8976	0.8982	0.8987	0.8993	0.8998
8.0	0.9031	0.9036	0.9042	0.9047	0.9053
8.1	0.9085	0.9090	0.9096	0.9101	0.9106
8.2	0.9138	0.9143	0.9149	0.9154	0.9159
8.3	0.9191	0.9196	0.9201	0.9206	0.9212
8.4	0.9243	0.9248	0.9253	0.9258	0.9263
8.5	0.9294	0.9299	0.9304	0.9309	0.9315
8.6	0.9345	0.9350	0.9355	0.9360	0.9365
8.7	0.9395	0.9400	0.9405	0.9410	0.9415
8.8	0.9445	0.9450	0.9455	0.9460	0.9465
8.9	0.9494	0.9499	0.9504	0.9509	0.9513
9.0	0.9542	0.9547	0.9552	0.9557	0.9562
9.1	0.9590	0.9595	0.9600	0.9605	0.9609
9.2	0.9638	0.9643	0.9647	0.9652	0.9657
9.3	0.9685	0.9689	0.9694	0.9699	0.9703
9.4	0.9731	0.9736	0.9741	0.9745	0.9750
9.5	0.9777	0.9782	0.9786	0.9791	0.9795
9.6	0.9823	0.9827	0.9832	0.9836	0.9841
9.7	0.9868	0.9872	0.9877	0.9881	0.9886
9.8	0.9912	0.9917	0.9921	0.9926	0.9930
9.9	0.9956	0.9961	0.9965	0.9969	0.9974

5	6	7	8	9
0.8482	0.8488	0.8494	0.8500	0.8506
0.8543	0.8549	0.8555	0.8561	0.8567
0.8603	0.8609	0.8615	0.8621	0.8627
0.8663	0.8669	0.8675	0.8681	0.8686
0.8722	0.8727	0.8733	0.8739	0.8745
0.8779	0.8785	0.8791	0.8797	0.8802
0.8837	0.8842	0.8848	0.8854	0.8859
0.8893	0.8899	0.8904	0.8910	0.8915
0.8949	0.8954	0.8960	0.8965	0.8971
0.9004	0.9009	0.9015	0.9020	0.9025
0.9058	0.9063	0.9069	0.9074	0.9079
0.9112	0.9117	0.9122	0.9128	0.9133
0.9165	0.9170	0.9175	0.9180	0.9186
0.9217	0.9222	0.9227	0.9232	0.9238
0.9269	0.9274	0.9279	0.9284	0.9289
0.9320	0.9325	0.9330	0.9335	0.9340
0.9370	0.9375	0.9380	0.9385	0.9390
0.9420	0.9425	0.9430	0.9435	0.9440
0.9469	0.9474	0.9479	0.9484	0.9489
0.9518	0.9523	0.9528	0.9533	0.9538
0.9566	0.9571	0.9576	0.9581	0.9586
0.9614	0.9619	0.9624	0.9628	0.9633
0.9661	0.9666	0.9671	0.9675	0.9680
0.9708	0.9713	0.9717	0.9722	0.9727
0.9754	0.9759	0.9763	0.9768	0.9773
0.9800	0.9805	0.9809	0.9814	0.9818
0.9845	0.9850	0.9854	0.9859	0.9863
0.9890	0.9894	0.9899	0.9903	0.9908
0.9934	0.9939	0.9943	0.9948	0.9952
0.9978	0.9983	0.9987	0.9991	0.9996

6 131×219×563×608を計算してみよう①

基本的な原理は計算尺の場合と同じ

それでは，131 × 219 × 563 × 608のようなかけ算を，常用対数表を利用して計算してみましょう。**基本的な原理は計算尺の場合と同じで，かけ算を足し算に変換できる対数法則①が，大きな役割を果たすことになります。**

対数をとって，足し算に変換

まず，131 × 219 × 563 × 608を，10を底とする対数で考えます。$\log_{10}$（131 × 219 × 563 × 608）です。今回計算に使う常用対数表（146 ～ 151ページ）は真数の値が1.00 ～ 9.99の範囲のため，真数の桁数を調整する必要があります。

6 131 × 219 × 563 × 608の計算①

131 × 219 × 563 × 608を，10を底とする対数の真数にします。対数法則①でかけ算を足し算に変換するところまでが第1ステップです。

$\log_{10}(131 \times 219 \times 563 \times 608)$

$= \log_{10}\{(1.31\times10^2)\times(2.19\times10^2)\times(5.63\times10^2)\times(6.08\times10^2)\}$

指数法則①より，

$= \log_{10}(1.31 \times 2.19 \times 5.63 \times 6.08 \times 10^8)$

対数法則①より，

$= \log_{10}1.31 + \log_{10}2.19 + \log_{10}5.63 + \log_{10}6.08 + \log_{10}10^8$

$= \log_{10}1.31 + \log_{10}2.19 + \log_{10}5.63 + \log_{10}6.08 + 8$ ……❶

対数法則③より，$\log_{10}10^8 = 8 \times \log_{10}10$ です。
また，$\log_{10}10 = 1$ なので，$\log_{10}10^8 = 8$ です。

計算尺のときのように，かけ算を足し算に変換するのね。

したがって，$\log_{10}(131 \times 219 \times 563 \times 608)$ = $\log_{10}\{(1.31 \times 10^2) \times (2.19 \times 10^2) \times (5.63 \times 10^2) \times (6.08 \times 10^2)\}$と変形します。これを指数法則①により，$\log_{10}(1.31 \times 2.19 \times 5.63 \times 6.08 \times 10^8)$とします。

そしてここで，対数法則①により，$\log_{10}1.31 + \log_{10}2.19 + \log_{10}5.63 + \log_{10}6.08 + \log_{10}10^8$と，かけ算を足し算に変形します。対数法則③により，$\log_{10}10^8 = 8 \times \log_{10}10 = 8$なので，$\log_{10}1.31 + \log_{10}2.19 + \log_{10}5.63 + \log_{10}6.08 + 8$となります（次のページにつづく）。

対数法則③は，累乗を簡単なかけ算に変換するんだデン。

7 131×219×563×608を計算してみよう②

常用対数表から読み取った値を代入

前のページで，$\log_{10}(131 \times 219 \times 563 \times 608) = \log_{10}1.31 + \log_{10}2.19 + \log_{10}5.63 + \log_{10}6.08 + 8$となることがわかりました。ここで，常用対数表からそれぞれの常用対数の値を読み取ります。すると，$\log_{10}1.31 \fallingdotseq 0.1173$，$\log_{10}2.19 \fallingdotseq 0.3404$，$\log_{10}5.63 \fallingdotseq 0.7505$，$\log_{10}6.08 \fallingdotseq 0.7839$だとわかります。これを代入すると，$0.1173 + 0.3404 + 0.7505 + 0.7839 + 8 = 1.9921 + 8 = 0.9921 + 9$となります。

足し算だけで計算

今度は，常用対数の値が0.9921に近い値となる真数の値を，常用対数表からさがします。すると，$0.9921 \fallingdotseq \log_{10} 9.82$だとわかります。したがって，$\log_{10}(131 \times 219 \times 563 \times 608) \fallingdotseq 0.9921 + 9 \fallingdotseq \log_{10} 9.82 + 9 = \log_{10} 9.82 + \log_{10} 10^9 = \log_{10}(9.82 \times 10^9)$となります。この式の真数の部分に注目すると，$131 \times 219 \times 563 \times 608 = 9.82 \times 10^9 \fallingdotseq 9820000000$とみちびかれます。

ここまで，常用対数表から数値を読み取って，$0.1173 + 0.3404 + 0.7505 + 0.7839$という足し算だけで計算できたことになります。もとのかけ算が複雑になればなるほど，対数による計算の簡略化は威力を発揮するのです。

7 131 × 219 × 563 × 608 の計算②

対数の法則①を使ってかけ算を足し算に変換したあと，常用対数表から常用対数を読み取って代入します。あとは足し算だけで答えをみちびき出すことができます。

ここで，$\log_{10}1.31$，$\log_{10}2.19$，$\log_{10}5.63$，$\log_{10}6.08$ の値を常用対数表から読み取り，❶に代入します。

$\log_{10}(131 \times 219 \times 563 \times 608)$

$\fallingdotseq 0.1173 + 0.3404 + 0.7505 + 0.7839 + 8$

常用対数表から読み取った常用対数の足し算

$= 1.9921 + 8 = 0.9921 + 9$ ……❷

常用対数表の常用対数が1よりも小さいため，それに合わせて小数点以下の部分と整数の部分に分けました。

ここで，常用対数が0.9921に近くなる真数を常用対数表から読み取ると，$0.9921 \fallingdotseq \log_{10}9.82$ であることがわかります。❷に，$0.9921 \fallingdotseq \log_{10}9.82$ を代入します。

$\log_{10}(131 \times 219 \times 563 \times 608) \fallingdotseq \log_{10}9.82 + 9$

$= \log_{10}9.82 + \log_{10}10^9$

$\log_{10}10 = 1$ なので，$9 = 9 \times \log_{10}10$ と変形します。さらに対数法則③より，$9 \times \log_{10}10 = \log_{10}10^9$ です。したがって，$9 = \log_{10}10^9$ です。

$= \log_{10}(9.82 \times 10^9)$

対数法則①より

こうして得られた $\log_{10}(131 \times 219 \times 563 \times 608) \fallingdotseq \log_{10}(9.82 \times 10^9)$ の両辺の真数部分をくらべます。

$131 \times 219 \times 563 \times 608 \fallingdotseq 9.82 \times 10^9 = 9820000000$

したがって，「131 × 219 × 563 × 608」の答えは「約9820000000」
（実際の答えは，9820359456）

8 常用対数表はこうしてつくられた！

ネイピアが対数表を発表

対数を使って計算を簡略化するためには常用対数表が欠かせません。しかし，ネイピア（52〜53ページ）が対数を発明した当時は，まだ対数表は存在していませんでした。

ネイピアは，自ら膨大な計算を行い，ゼロから対数表を完成させ，1614年に『対数の驚くべき規則の記述』というタイトルのラテン語の論文で発表しました。対数を考案してから20年後のことでした。

8 常用対数表をつくったブリッグス

ブリッグスはネイピアが発表した対数表の論文に感銘を受け，常用対数表の作成に取り組みました。そして，膨大な計算の末，3万個の整数についての常用対数表を1624年に発表しました。

ヘンリー・ブリッグス（1561 ～ 1630）

イギリスの数学者・天文学者。底が10の常用対数表を完成させました。

ブリッグスが常用対数表を完成させた

ただし，ネイピアが考案した対数は，底が10ではなく，非常に使いづらいものでした。**そこで，イギリスの数学者・天文学者のヘンリー・ブリッグス（1561～1630）は，計算を簡略化しやすいように，10を底とすることをネイピアに提案したのです。**

ブリッグスは，1617年に1000までの正の整数を真数とする，底が10の常用対数の値を計算して発表しました。さらに，1624年には，1から20000までと，90000から100000までの正の整数について，小数点以下14桁まで計算した常用対数表を完成させたのです。

memo

多才なブリッグス

1561年
イギリスに生まれた
ブリッグス

天文学に興味をもち
研究を行っていた

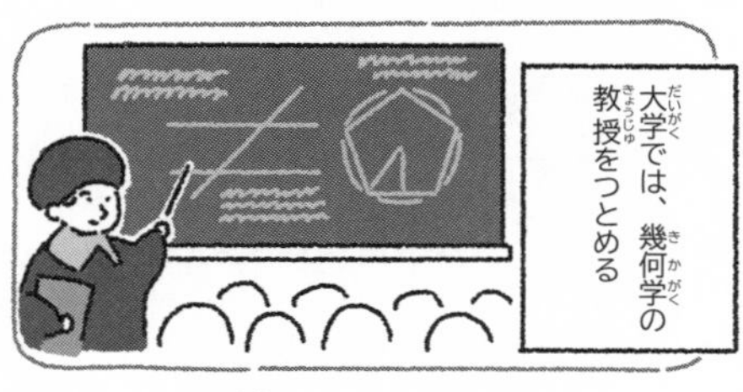
大学では、幾何学の
教授をつとめる

興味は幅広く
統計調査や造船
採掘などの分野でも
活躍した

完成間近に

ネイピアの論文を
読んだ
ブリッグス
対数は
すばらしい!!
底を10にする方が
いいのでは?
なるほど!
ネイピア
ブリッグス
ネイピアと約束した
常用対数表をつくるため
ひたすら計算するが……
完成を目前にして
ネイピアは亡くなって
しまった

memo

第5章

特別な数「e」を使う自然対数

ここまで，対数が便利な計算の道具となることを見てきました。実は，対数の威力はそれだけにとどまりません。対数は，特別な数「ネイピア数e」と結びつき，自然現象や経済活動を数学的に分析する際にも活躍しているのです！　第5章では，eとはどのような数なのかを紹介し，さらに，eと結びついた対数「自然対数」について説明します。

1 金利の計算からみつかった不思議な数「e」

ヤコブ・ベルヌーイが，eを発見

ここからは，対数と密接な関係にある「ネイピア数e」について紹介します。eは，数学や物理学にひんぱんに登場する重要な数です。

eは，2.718281……と，小数点以下が無限につづく数です。**スイスの数学者ヤコブ・ベルヌーイ（1654～1705）が，預金額を計算する中で，$(1+\frac{1}{n})^n$という式を使って，発見したといわれています。**

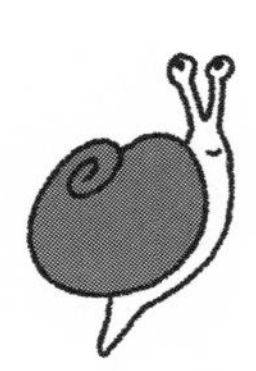

eは，対数の発明者であるネイピアにちなんで，「ネイピア数」ともよばれるようになったんだデン。

1年後の預金額が，eにいきつく

例として，お金を預けると1年ごとに元金の100%が利息としてつく銀行を考えてみます。すると，1年後の預金額は，元の「1＋1」倍（＝2倍）となります。次に，半年（$\frac{1}{2}$年）ごとに元金の$\frac{1}{2}$の利息がつく銀行を考えます。この場合，半年後には預金額が$(1+\frac{1}{2})$倍（=1.5倍）になります。そのため，1年後の預金額は，元の$(1+\frac{1}{2})\times(1+\frac{1}{2})$倍（=2.25倍）で計算できます。このように$\frac{1}{n}$年ごとに元金の$\frac{1}{n}$の利息がつく場合，1年後の預金額は，$(1+\frac{1}{n})^n$倍になります。

ここで，nが限りなく大きくなる（利息がつくまでの期間が短くなる）と，1年後の預金額はどうなるでしょうか。**実はこれを計算すると，2.718281…にいきつく（収束する）のです。この数こそeです。**

1 ベルヌーイが発見したe

最初に預ける金額が「1」，$\frac{1}{n}$年後に預金額が$(1+\frac{1}{n})$倍になる場合，1年後の金額を表にまとめました（下）。nが大きいほど，1年後の預金額は2.718281…に近づきます。また，1年間の預金額の推移は右のグラフになります。nが大きいほど，グラフは$y=e^x$に近づきます。

n	所定の利息がつく期間（$\frac{1}{n}$年）	利息（$\frac{1}{n}$）	1年後の預金額$(1+\frac{1}{n})^n$
1	1年	$\frac{1}{1}$	2
2	半年	$\frac{1}{2}$	2.25
4	3か月	$\frac{1}{4}$	2.44140625
12	1か月	$\frac{1}{12}$	2.6130352902…
365	1日	$\frac{1}{365}$	2.7145674820…
8760	1時間	$\frac{1}{8760}$	2.7181266916…

1年間の預金額の推移

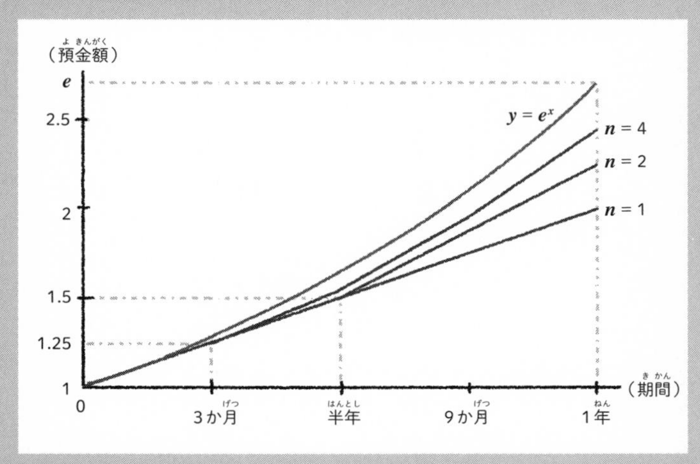

数学一家，ベルヌーイ家

ネイピア数eを発見したヤコブ・ベルヌーイに代表されるベルヌーイ家は，数学の名門一家として知られています。**3世代にわたって8人もの著名な数学者を輩出しているのです。**

その最初の人物がヤコブです。ヤコブは，eだけでなく「ベルヌーイ数」という数列を発見し，のちの数学の発展に大きく貢献しました。また，ヤコブは弟のヨハンとともに微分積分学の普及にも貢献しました。ヨハンは，微分積分学における「ロピタルの定理」という定理を発見したほか，スイスの数学者，レオンハルト・オイラー（1707～1783，174ページで紹介）を指導したことでも知られています。

ヨハンは，力学分野の研究にも熱心でした。それを受け継いだ息子のダニエルは，流体力学における「ベルヌーイの定理」という定理を発見するという業績を残しています。**数学，科学の発展にベルヌーイ家は大きく貢献しているのです。**

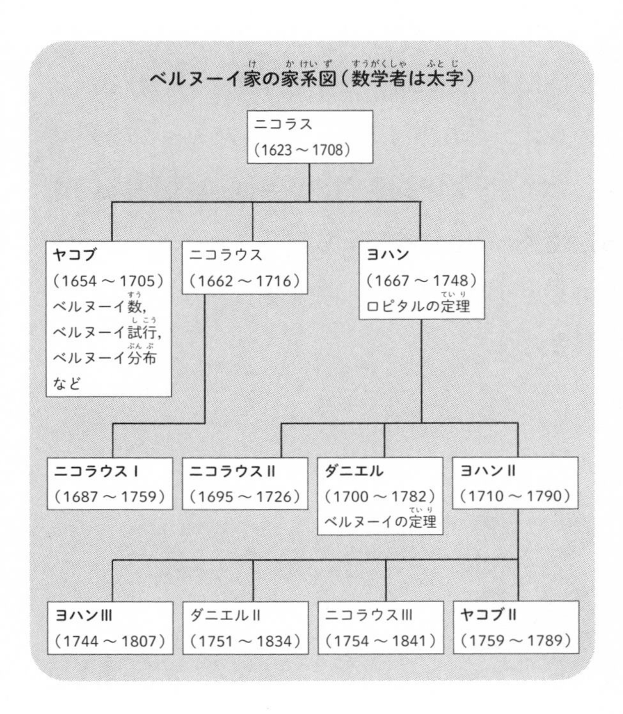

2 オイラーは，対数から e にたどりついた①

対数関数の「微分」から e を発見

ヤコブ・ベルヌーイとは別に，e を発見した人物がいます。それは，天才数学者といわれるスイスのレオンハルト・オイラー（1707 ～ 1783）です。**オイラーは，対数関数 $y = \log_a x$ を「微分」する過程で e を見いだしました。**これはどういうことでしょうか。まずは，微分とは何なのかを，説明しましょう。

レオンハルト・オイラー
（1707 ～ 1783）
スイスの数学者。数学のみならず，力学，天文学，光学など幅広い分野で多大なる貢献をし，何十冊もの本と900本近い論文を残しました。

2 対数関数と微分

$y = \log_a x$ のグラフと3本の接線をえがきました。3本の接線はいずれも傾きがことなります。$y = \log_a x$ を微分すると，接線の傾きが，接点によってどのように移りかわるのかを知ることができます。

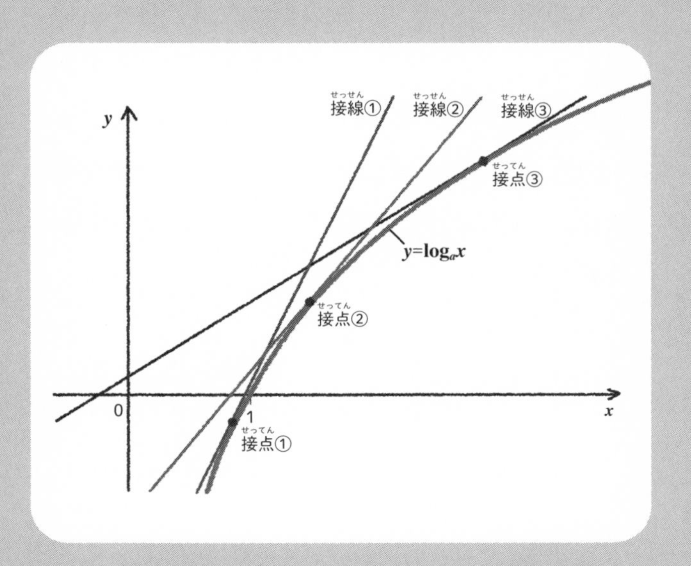

微分とは，グラフの接線の傾きを求めること

「微分」とは，おおざっぱにいうと「グラフの接線の傾き」を求めることです。たとえば，対数関数「$y = \log_a x$」のグラフをえがくと，175ページの曲線になります。このグラフに接線を引いてみましょう。すると，どこを接点にするかによって，接線の傾きがかわることがわかります。

微分するとは，接点の位置によって接線の傾きがどのように変わるのか，その関係を示すことなのです。

微分の考え方は，私（ネイピア）の死から，およそ50年後に誕生したんだぞ。

3 オイラーは，対数から e にたどりついた②

オイラーは，$y=\log_a x$ を微分した

微分とは何か，簡単に説明したところで，オイラーの e の発見の話にもどりましょう。

オイラーは，$y=\log_a x$ の式の微分を考えました。そして，

$$(\log_a x)' = \left(\frac{1}{x}\right) \times \log_a (1+h)^{\frac{1}{h}}$$

という式を得ました。左辺に出てくる（　）'とは，中の数式を微分することを意味する記号です。そしてここで登場する h は，限りなくゼロに近い数です。

hをゼロに近づけていくと、eが登場

オイラーは、hを限りなくゼロに近づけていくと、微分した式がどうなるのかを考えました。**そして、微分した式に出てくる$(1+h)^{\frac{1}{h}}$の値が、「2.718281……」という一定の値に近づいていくことを発見したのです。この数こそまさに、168ページで紹介したeです。**

このように、オイラーはベルヌーイとはまったくことなる方法で、eにたどりついたのです。

$(1+h)^{\frac{1}{h}}$をeと表現して、先ほどの微分した式をあらわすと、

$$(\log_a x)' = \left(\frac{1}{x}\right) \times \log_a (1+h)^{\frac{1}{h}} = \left(\frac{1}{x}\right) \times \log_a e$$

となります。

3 オイラーが発見したe

オイラーは$y = \log_a x$という対数関数を微分する過程で，eという数が登場することを発見しました。$y = \log_a x$を微分すると，$\left(\frac{1}{x}\right) \times \log_a (1 + h)^{\frac{1}{h}}$となります。この$h$を0に近づけると，$(1 + h)^{\frac{1}{h}} = e$となるのです。

$$(\log_a x)'$$

$$= \left(\frac{1}{x}\right) \times \log_a (1 + h)^{\frac{1}{h}}$$

hを0に近づけると

$2.71828\cdots\cdots = e$

$$= \left(\frac{1}{x}\right) \times \log_a e$$

4 eを底とする自然対数とは

eを使うとシンプルな式になる

前のページでも見たように，$y = \log_a x$を微分した式を，eを使ってあらわすと，$\left(\frac{1}{x}\right) \times \log_a e$となります。ここで，$y = \log_a x$の$a$（底）が$e$である$y = \log_e x$を考えてみましょう。この式を微分した式は，$\left(\frac{1}{x}\right) \times \log_e e$となります。さらに，$\log_e e$は，$e$を何回かけ算すると$e$になるのか，をあらわす値なので，1です。**つまり，**

$$(\log_e x)' = \left(\frac{1}{x}\right) \times \log_e e = \frac{1}{x}$$

と非常にシンプルな式になります。

ある関数を微分して得られる関数がシンプルな式であるというのは，微分の計算をするうえで非常に重要です。そのため，数学の世界では対数

4 $y = \log_e x$ と e^x の微分

$y=\log_e x$ という自然対数を微分すると，$\frac{1}{x}$ という簡単な形になります（①）。また，$y=e^x$ を微分すると，e^x のまま形が変わりません（②）。微分した式が非常にシンプルであるため，自然対数やネイピア数 e は，数学や物理でよく登場します。

① $(\log_e x)'$

$$= \left(\frac{1}{x}\right) \times \log_e e$$

$\log_e e$ は，1となります。

$$= \frac{1}{x}$$

② $(e^x)' = e^x$

自然対数や e^x の微分は，計算がとてもシンプルになるのね。

の底にeがよく用いられます。このeを底とする対数を「自然対数」といいます。

$y = e^x$は，微分しても変化しない

また，$y = e^x$という指数関数の微分についても最後に紹介しましょう。**$y = e^x$を微分すると，なんとe^xになります。つまり微分しても変化しないのです。**

このように，eや自然対数を用いると，さまざまな計算が簡単になることから，自然現象や経済活動を数学的に分析する際にたびたび登場します。単なる計算ツールとして生まれた対数は，特別な数「e」と結びつき，人類の知の冒険を飛躍的に前進させたのです。

memo

自然界にみられるe

ネイピア数eは，自然現象を説明する数式によく登場します。eが登場する式の具体例を見てみましょう。

たとえば，熱いお湯やコーヒーなどが冷めるときの温度変化がその一つです。コーヒーの温度をT_0，周囲の温度をT_mだとすると，時間tたったときのコーヒーの温度は，一般的に「$T_m + (T_0 - T_m)e^{-rt}$」とあらわされます。eが登場していますね。

一方，カタツムリやオウムガイなどの殻に見られるらせんは「対数らせん」とよばれ，中心から外側に向かってらせんの幅が大きくなっていきます。中心からの距離をrとすると，対数らせんは，「$r = ae^{b\theta}$」という式であらわされます。これは，牛や羊の角，さらには台風の渦にも当てはまるといいます。

ほかにも，eを用(もち)いた法則(ほうそく)はたくさんあります。ネイピア数(すう)eは自然(しぜん)を理解(りかい)するためには欠(か)かせないものなのです。

オイラーは子だくさん

1707年
スイスに生まれた
オイラー
父は牧師
母は牧師の娘だった
大学では
神学を学んでいたが
やっぱり数学を
学びたい!!
途中で専攻を
数学に変更
13人の子どもを
もうけ
赤ん坊をかかえながら
論文を書いていた
という……
1911年から
刊行がはじまった
『オイラー全集』
業績が多すぎて
今なお刊行が
つづいている

失明しても

1738年ごろ、右目が見えなくなる
目が見えない……

1771年ごろ両目の視力を失うが
かえって研究に集中できる!!

最期は

死ぬよ

と言って意識を失いそのまま亡くなったという

計算尺をつくってみよう！

ペーパークラフトで計算尺をつくって，実際に計算に使ってみましょう！　190 ～ 191 ページをコピーして使ってください。

【材料と道具】

・190 ～ 191 ページをコピーしたもの　・のり
・定規　・カッター

【作り方】

1.「固定尺」，「滑尺」，「帯1」，「帯2」，「カーソル」を，カッターと定規を使ってきれいに切り抜きます。
2.「固定尺」の上下にある細長い長方形を切り抜きます。
3.「滑尺」の両脇に帯１と帯２をのり付けします（帯1と帯2の区別はありません）。

4. 帯をはり合わせた滑尺の両側を，2.でつくった固定尺の穴に通します。このとき，固定尺と滑尺の数字の上下が，同じ向きになるよう注意します。

5.「カーソル」を黒い線で山折りにして，輪になるようにのり付けします。カーソルは上下に並んだ数を読むためのものです。

6. 固定尺と滑尺を，輪っか状のカーソルに通せば完成です！

滑尺を動かすと，2章や4章でみた，かけ算ができます。また，割り算や累乗を計算することもできます。本書ではかけ算以外の計算方法は解説していませんので，もっと知りたい方は本やインターネットで計算尺の使い方を調べてみてください。

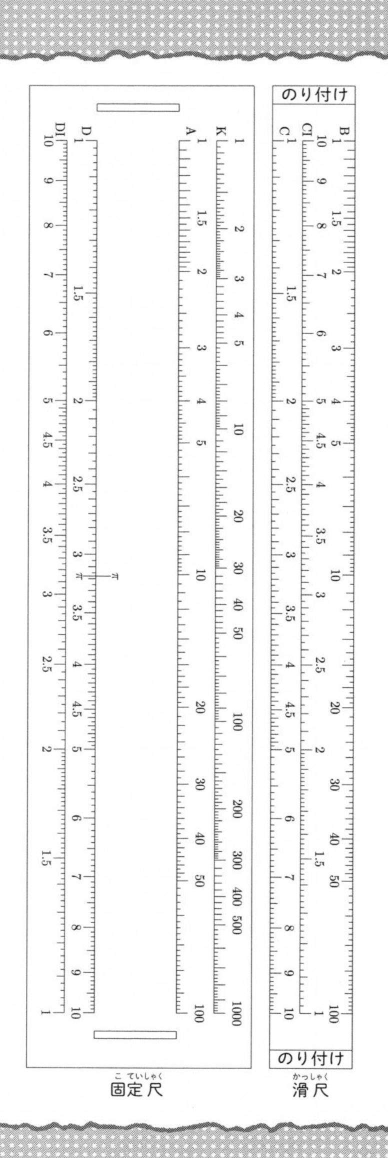

固定尺（こていしゃく）　滑尺（かっしゃく）

出典：「普通の計算尺をつくろう/ペーパークラフト」（明治薬科大学 教授 富永大介）

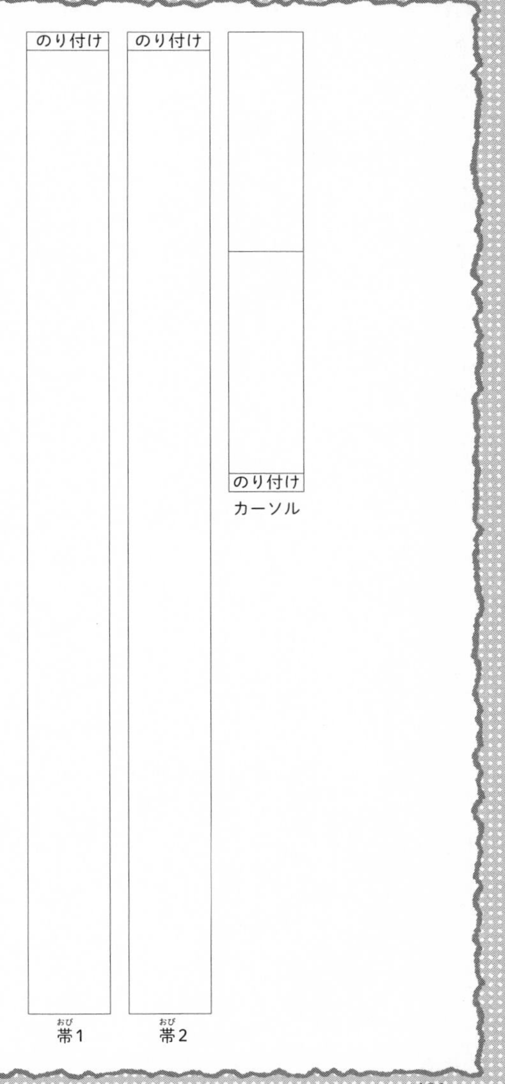

memo

さくいん

memo

主な内容

化学って何？

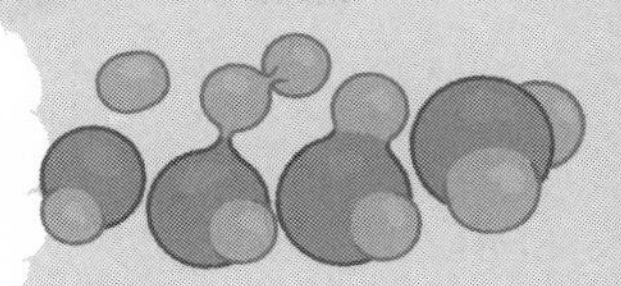

化学とは，物質の性質を調べる学問

鮮やかな花火の色は，化学でつくる

世界は「原子」でできている！

原子がぶつかって「化学反応」がおきる

周期表を見れば元素の“性格”が丸わかり

原子が結びついて物質ができる

電子を共有して強く結びつく「共有結合」

水分子は「水素結合」で結びついている

身のまわりにあふれるイオン

魚に塩を振るのは，くさみをぬくため

マンガン乾電池の中を見てみよう

現代社会に欠かせない有機物

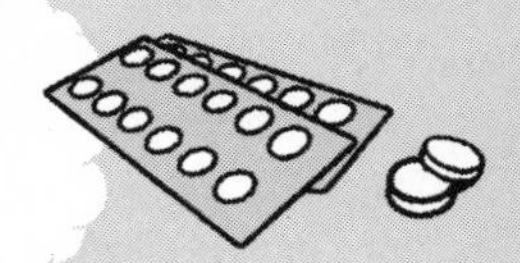

有機物の性格は，“飾り”で決まる

薬となる有機物を人工的に合成する！

Staff

Editorial Management	中村真哉
Editorial Staff	道地恵介
Cover Design	岩本陽一
Design Format	村岡志津加（Studio Zucca）

Illustration

表紙カバー	羽田野乃花さんのイラストを元に佐藤蘭名が作成
表紙	羽田野乃花さんのイラストを元に佐藤蘭名が作成
11	羽田野乃花
15~27	Newton Press
30	羽田野乃花
31	Newton Press
33~35	羽田野乃花
42~45	Newton Press
49~53	羽田野乃花
57~69	Newton Press
71	羽田野乃花
73	Newton Press，羽田野乃花
76~81	Newton Press
82~95	羽田野乃花
99~101	Newton Press
102~123	羽田野乃花
128~129	Newton Press
132~141	Newton Press，羽田野乃花
143~163	羽田野乃花
171	Newton Press
174	羽田野乃花
175	Newton Press
179~187	羽田野乃花
190~191	©富永大介（明治薬科大学）

監修（敬称略）：
今野紀雄（立命館大学客員教授，横浜国立大学名誉教授）

本書は主に，Newton 別冊『こんなに便利な指数・対数・ベクトル』の一部記事を抜粋し，大幅に加筆・再編集したものです。

ニュートン超図解新書
最強に面白い

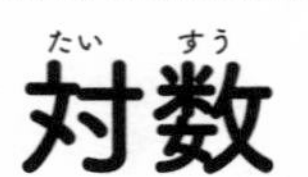

2024年2月5日発行

発行人　高森康雄
編集人　中村真哉
発行所　株式会社 ニュートンプレス　〒112-0012 東京都文京区大塚3-11-6
https://www.newtonpress.co.jp/
電話 03-5940-2451

ISBN978-4-315-52781-0

ニュートン超図解新書

最強に面白い 量子論

はじめに

原子や電子などのミクロな世界では，日常の世界の常識とはかけはなれた，不思議なことがおきています。たとえば電子は，一つの電子が粒子のような性質と波のような性質をあわせもつといいます。しかもその一つの電子が，漫画の忍者のように，あちこちに同時に存在するというのです。

このように不思議な，ミクロな世界の物理法則を，「量子論（量子力学）」といいます。しかも量子論は，不思議なだけではありません。現代のテクノロジーの基礎となっています。たとえば電子器機に使われている半導体の性質は，量子論によって明らかにされました。量子論がなければ，コンピューターもスマートフォンもなかったのです。

本書は，量子論をゼロから学べる1冊です。むずかしい物理学や数学の知識は必要ありません。“最強に”面白い話題をたくさんそろえましたので，中学生以上の方であれば，どなたでも楽しめます。不思議で興味深い量子論の世界を，どうぞお楽しみください！

ニュートン超図解新書

最強に面白い

量子論

イントロダクション

第1章 光や電子は，波でもあり粒子でもある

第2章 一つの電子は，同時に複数の場所に存在している

第3章 量子論がえがくあいまいな世界

第4章 さまざまな分野に進出する量子論

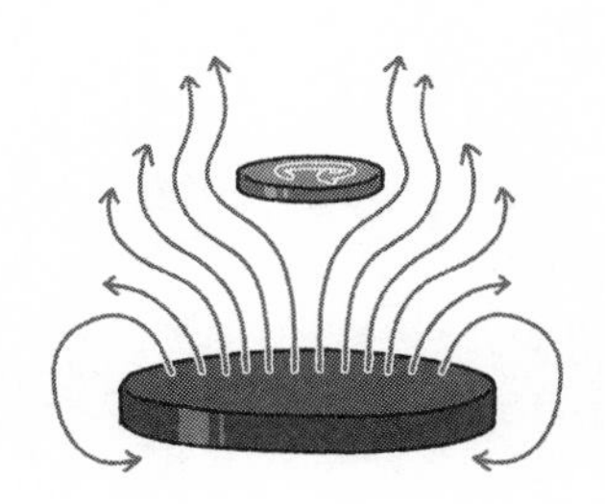

第5章 量子論を応用した最新技術

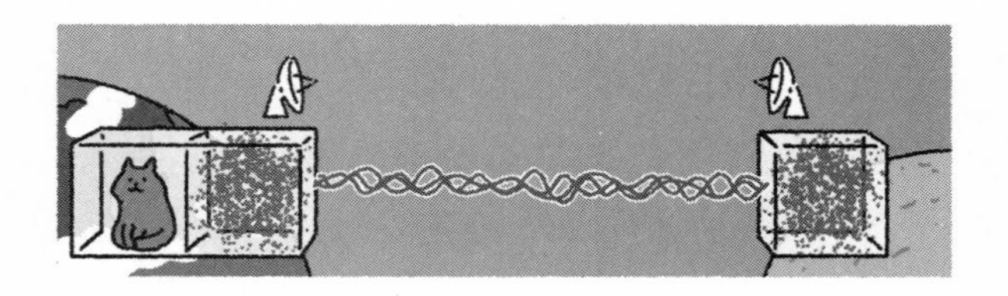

【本書の主な登場人物】

エルヴィン・シュレーディンガー
（1887～1961）
オーストリアの理論物理学者。量子力学の基本方程式であるシュレーディンガー方程式や，シュレーディンガーのネコという思考実験を提唱するなど，量子力学の発展の基礎を築いた。

男子中学生

タヌキ

イントロダクション

原子や電子などのミクロな世界では，日常の世界の常識とはかけはなれた，不思議なことがおきています。そのミクロな世界の物理法則を，「量子論（量子力学）」といいます。イントロダクションでは，量子論を理解するうえでポイントとなる，二つの重要事項を紹介しましょう。

1 量子論は，ミクロな世界の物理法則

ミクロな物質のふるまいは，常識では説明できない

あらゆる物質は，分割していくと「原子」からできていることがわかっています。

19世紀末ごろになって，原子がかかわる現象をくわしく調べてみると，ミクロな世界は私たちが日常生活で目にする世界とはまったくちがうことがわかってきました。ミクロな物質は，私たちの常識では説明できない，不思議なふるまいをするのです。

1 原子と原子核の大きさ

原子と原子核がどれだけ小さいかを示しました。野球ボールと原子の大きさの比率は，地球とビー玉の大きさをくらべたときと同じ比率になります。一方，原子核をビー玉の大きさだとすると，原子は東京ドームの建物全体の大きさに相当します。

原子の大きさ

野球のボール
直径約7センチメートル程度

同じ比率

地球
直径1万3000キロメートル程度

ボールの表面の原子
直径1000万分の1ミリメートル程度

地球上のビー玉
直径1センチメートル程度

原子核の大きさ

ビー玉

東京ドーム

同じ比率

ビー玉を原子核とすると，客席も含めた東京ドームの建物全体が原子（電子の軌道）の大きさになります。

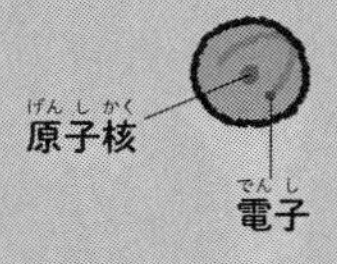

粒子や光などのふるまいを解き明かす

そこで，新しい理論が必要になりました。それが「量子論」です。**量子論とは，「非常にミクロな世界で，物質を構成する粒子や光などが，どのようにふるまうかを解き明かす理論」といえます。**

ただし，量子論でいう「ミクロ」という言葉には注意が必要です。量子論でないと説明できないミクロな世界とは，おおよそ原子や分子のサイズ，つまり1000万分の1ミリメートル程度以下の世界といえます。

量子とは「一つ二つと数えられる小さなかたまり」という意味です。

2 相対性理論と量子論は，自然界の二大理論

19世紀末から20世紀にかけて完成した理論

量子論は，有名な「相対性理論」とならぶ現代物理学の土台です。量子論も相対性理論も，19世紀末から20世紀初頭にかけて完成しました。どちらも，それまでの常識を根底からくつがえすものです。

相対性理論は，ドイツ生まれの天才物理学者のアルバート・アインシュタイン（1879～1955）が打ち立てた時間と空間の理論です。相対性理論では，時間の進み方が遅くなったり，空間がゆがんだりすることなどを明らかにしました。信じがたいかもしれませんが，これらは数多くの実験で正しさが裏づけられています。

相対性理論は舞台の理論，量子論は役者の理論

一方，量子論は，電子や光などのふるまいを説明する理論です。**つまり，相対性理論は時間や空間という自然界の舞台の理論，量子論はその舞台に立つ電子などの自然界の役者の理論といえるでしょう。**

本書では主に電子や原子核，光にスポットをあてて，説明していきます。なぜならこれらは，自然界の主役だからです

原子の内部には，電荷がマイナスの電子があるポン。たとえば，壁に手のひらを押し当てたときに手が埋まっていかないのは，近づいた原子内の電子どうしが反発するおかげだポン。

2 相対性理論と量子論

相対性理論のイメージと，量子論のイメージをえがきました。相対性理論は，時間の進み方が遅くなったり，空間が曲がったりすることを明らかにした理論です。一方，量子論は，原子サイズの世界を理解するのに必要な理論です。

相対性理論のイメージ

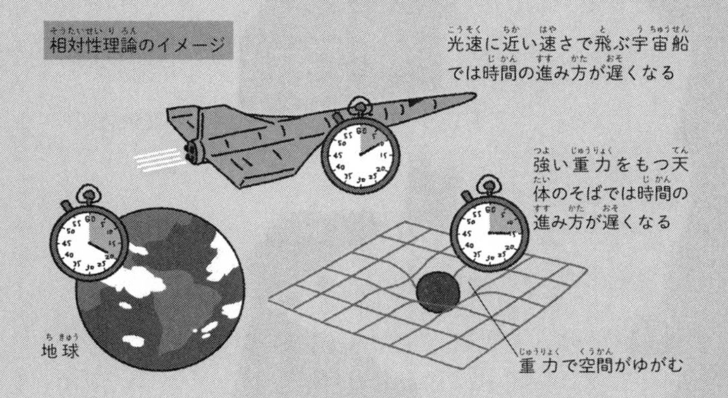
光速に近い速さで飛ぶ宇宙船では時間の進み方が遅くなる
強い重力をもつ天体のそばでは時間の進み方が遅くなる
地球
重力で空間がゆがむ

量子論のイメージ

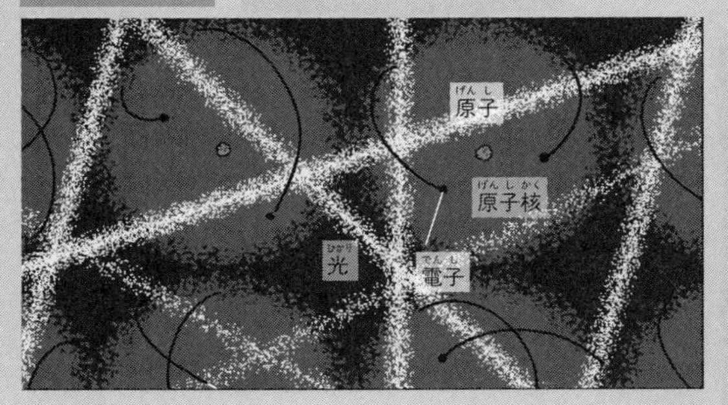
原子
原子核
光
電子

3 量子論の重要事項① ―光や電子は，波でもあり粒子でもある！

量子論には，重要事項が二つある

ミクロな世界では，物質は私たちの常識とはことなるふるまいをします。そのミクロな世界の物理法則が，量子論です。

量子論を理解するうえでポイントとなる重要事項が，二つあります。「波と粒子の二面性」と，「状態の共存（重ね合わせ）」です。ここではまず，一つ目の重要事項である「波と粒子の二面性」を紹介しましょう。

ミクロな世界は，不思議なことであふれていそうだね。

3 光のオセロのコマ

光や電子などは，波の性質と粒子の性質をあわせもっています。まるで，白と黒の二面をもつオセロのコマのようなものです。

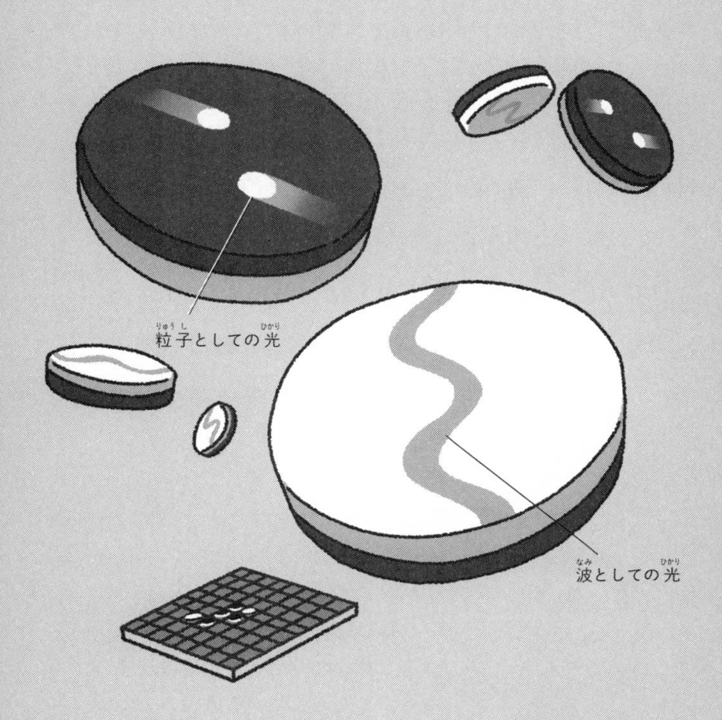

光や電子などは，波でもあり粒子でもある

ミクロな世界では，光や電子などが，まるで白と黒の二面をもつオセロのコマのように，「波の性質」と同時に「粒子の性質」をもっています。これが「波と粒子の二面性」です。

日常の世界の常識では，波は広がりをもつものである一方，粒子は特定の１点に存在するものであり，たがいに相容れないものです。しかしミクロな世界では，その常識が通用しません。**光や電子などは，波でもあり粒子でもあるのです。**この内容は，37ページからはじまる第1章で，くわしく紹介します。

ミクロな世界では，私たちの常識が通じないことが，量子論の理解をむずかしくしている原因の一つなのかもしれません。

4 量子論の重要事項②—一つの電子は，同時に複数の場所に存在する！

一つの電子があちこちに同時に存在できる

このページでは，量子論を理解するうえでポイントとなる二つの重要事項のうち，二つ目の重要事項である「状態の共存（重ね合わせ）」を紹介しましょう。

ミクロな世界では，一つの物が同時に複数の状態をとることができます。たとえば電子は，漫画の忍者のように，一つの電子があちこちに同時に存在することができます。これが「状態の共存」です。

「波と粒子の二面性」も「状態の共存」も，事実

日常の世界の常識では，一つの物があちこちに同時に存在することなどありえません。しかしミクロな世界では，一つの電子があちらにいる状態やこちらにいる状態が，共存するのです。この内容は，79ページからはじまる第2章で，くわしく紹介します。

「波と粒子の二面性」と「状態の共存」は，どちらも実験的に確かめられている事実です。量子論を理解するためには，ミクロな世界では，日常の世界の常識とはかけはなれた現象がおきていることを，受け入れる必要があるのです。

不思議な現象だけど，実際におきていることなんだね！

4 仮想的な小箱の中の電子

ミクロな世界では，この仮想的な小箱の左右のように，一つの物が同時に複数の場所に存在できます。しかし，その物の数が増えるというわけではありません。

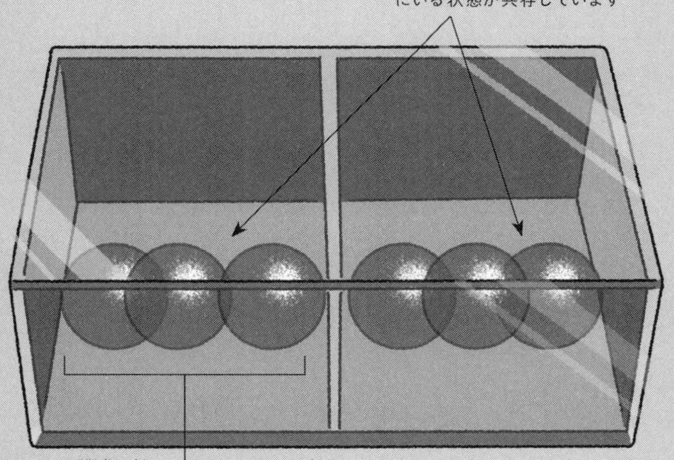
電子が右側にいる状態と左側にいる状態が共存しています
左側の中でも，さまざまな位置にいる状態が共存しています

まるで分身の術だポン！

5 量子論によると，未来は決まっていない！

ボールが落ちる場所は，計算できる

量子論が誕生する以前，あらゆる物体の運動は計算できると考えられていました。たとえばボールを投げる場合，ボールを投げた瞬間の速さと向き，高さなどが厳密にわかれば，ボールが地面に落ちる場所は厳密に計算できます。

フランスの科学者のピエール＝シモン・ラプラス（1749～1827）は，次のように考えました。「仮に，宇宙のすべての物質の現在の状態を厳密に知っている生物がいたら，その生物は宇宙の未来のすべてを完全に予言することができるだろう。つまり未来は決まっている」。この仮想的な生き物は，「ラプラスの魔物」とよばれています。

5 ラプラスの魔物とは

球であらわした宇宙をつかんでいるのが，ラプラスの魔物の手のイメージです。時計の絵は，ラプラスの魔物が過去，現在，未来を見通せることを表現しています。

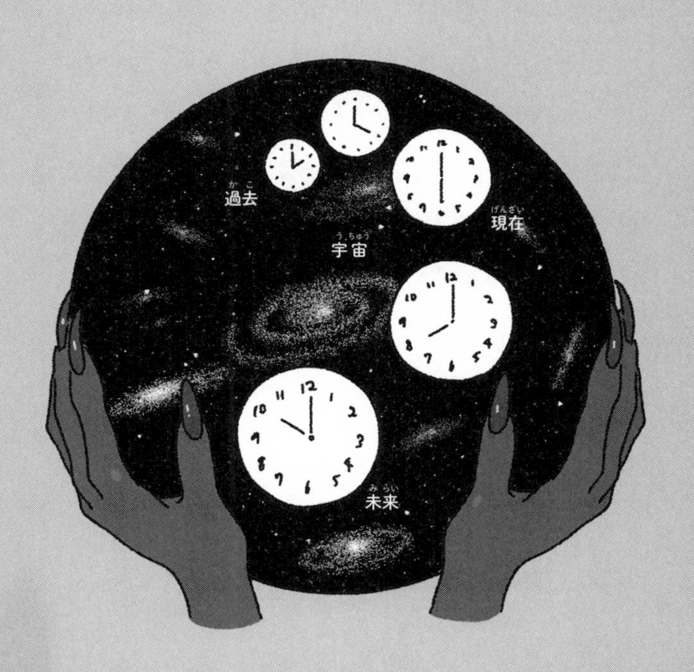

ミクロな世界では，物質のふるまいは不確定

しかし，量子論の登場によって，ラプラスの考え方は正しくないことがわかりました。量子論によると，仮にラプラスの魔物が宇宙のすべての情報を知ることができたとしても，未来がどうなるかを予言することは不可能です。**ミクロな世界では，物質のふるまいは不確定で決まっていないからです。**

この内容は，113ページからはじまる第3章で，くわしく紹介します。

量子論によると，誰にも未来を予言することはできないんだ。

ピエール＝シモン・ラプラス

memo

量子論は，ミクロの世界だけ？

博士，量子論はミクロな世界の物理法則なんですよね？じゃあ，僕たち人間のように大きいものは，量子論なんて関係ないということですか？

そんなことはないぞ。量子論は大きさに関係なく，自然界のすべてのものに適用できるんじゃ。

じゃあ，人間のふるまいも量子論で説明できるんですね！

できないことはないんじゃが，大きなサイズの物体の運動に量子論を適用すると，計算量が膨大になってしまうんじゃ。だから，それはやらないのう。

そうか，身近で量子論がかかわることはないんですね…。

そんなことはないぞ。君が持っているスマートフォンの中にある半導体は，量子論で説明できる現象じゃ。

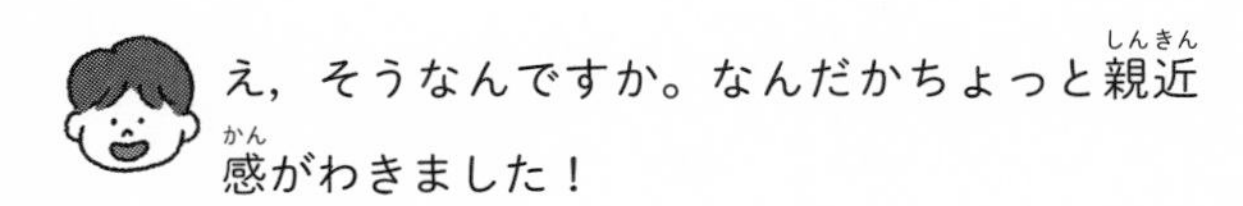

え，そうなんですか。なんだかちょっと親近感がわきました！

未来を予測!? かわった占い

不安や悩みがあったりすると，未来のことが知りたくなりませんか。そこで，「ちょっと占ってみよう」と思う気持ちは，古今東西で共通の気持ちでしょう。そしてその占い方は，国や地域によって，いろいろな種類があるようです。

たとえばトルコでは，「コーヒー占い」という歴史の長い占いがあります。占い方は，まずコーヒーを飲みます。そして，飲み終わったあとのカップの内側に残った模様を見て占います。**カップの下半分は「過去」，上半分は「未来」をあらわしているといわれ，またコーヒーカップの取っ手に近いほど自分に身近なできごとを示しているとされます。**

ほかにも，世界にはかわった占いがたくさんあ

ります。骨（ほね），ふん，腹（はら）の音（おと），真珠（しんじゅ），ニワトリなど，
さまざまなものが使（つか）われているようです。

ラプラスとナポレオン

フランスの数学者で物理学者、天文学者でもある

ピエール＝シモン・ラプラス

全5巻の大著『天体力学概論』を

当時のフランス皇帝ナポレオンに献上

ナポレオンはいった

神について書かれていないではないか

ラプラスはこう答えたという

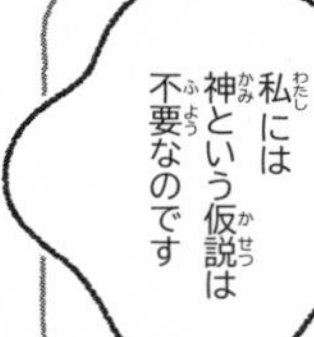

私には神という仮説は不要なのです

政治家，ラプラス

ラプラスは
政治家としても活動

1799年には
ナポレオンの政府で

1か月ほどの短期間
内務大臣にも
登用された

ナポレオンには
「政治にも無限小を
持ちこむ」

といわれる。
少し細かすぎたのか
もしれない

ナポレオンが
支持を失うと
退位に賛成

新政府派の
貴族院議員となるなど
世渡りにたけていた

第1章

光や電子は，波でもあり粒子でもある

第1章では，量子論を理解するうえでポイントとなる二つの重要事項のうち，一つ目の重要事項である「波と粒子の二面性」を紹介します。ミクロな世界では，光や電子などが，波の性質と同時に粒子の性質をもっているというものです。量子論誕生の経緯をたどりながら，「波と粒子の二面性」についてみていきましょう。

1 光やミクロな物質は，「波と粒子の二面性」をもっている

波は，広がりながら進む

　波と粒子の二面性とは，「電子などのミクロな物質や光は，波のような性質と粒子のような性質の両方をもつ」ということです。

　波とは，「ある場所での何かの振動が，周囲に広がりながら伝わっていく現象」といえます。波は，広がりながら進みます。そのため波は，障害物があっても，その後ろのかげの部分にまでまわりこんで進みます。これは，「回折」とよばれる現象です。

粒子は，ある瞬間に特定の1点に存在する

では，粒子はどうでしょうか。粒子とは，ビリヤードの球を小さくしたようなものです。波は広がりをもつので，「ここにある」と1点だけを指し示すことはできません。一方，ビリヤードの球ならそれは可能です。粒子は，ある瞬間に特定の1点に存在するのです。

波と粒子とは相反するものであり，両者の性質を一度にもつものなど，常識的には考えられません。しかし私たちにとって非常識なことが，ミクロな世界では常識になるのです。

粒子は力がおよばない限り，まっすぐ進みます。何かに衝突したりして，はじめて進行方向をかえるのです。

1 波の性質と粒子の性質

波は，イラスト1のように広がりながら進み，防波堤のような障害物があっても，そのかげまでまわりこみます。一方，粒子は，イラスト2のようにまっすぐ進みます。

1. 波の例：水面の波

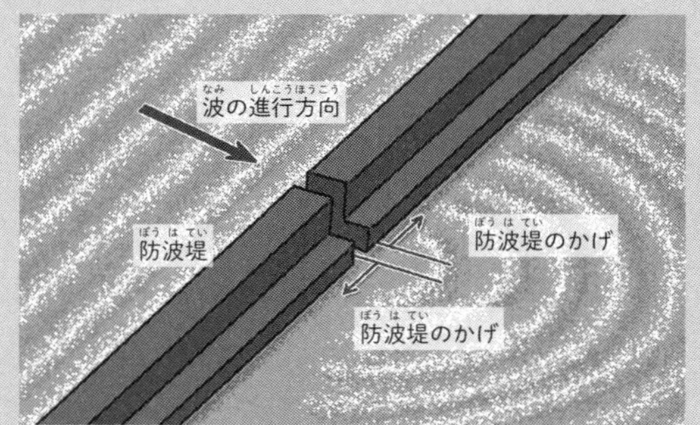

波は広がりながら進む

2. 粒子の例：ビリヤードの球

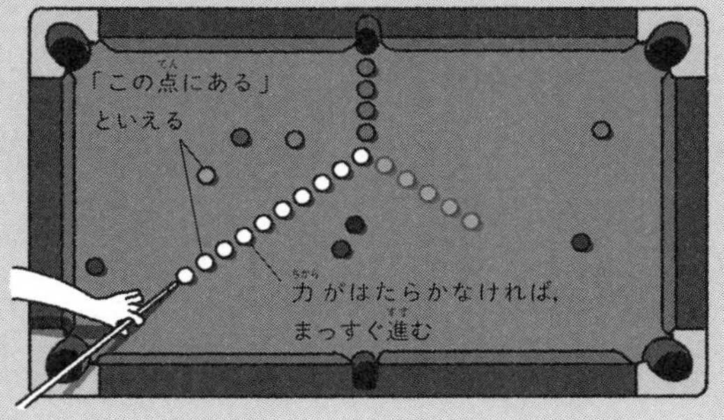

「この点にある」
といえる
力がはたらかなければ，
まっすぐ進む

2 19世紀，光は波だと考えられた

光は波という見方が常識となっていた

量子論が登場する前の19世紀には，イギリスの物理学者のトーマス・ヤング（1773～1829）が1807年に行った「光の干渉」の実験などによって，光は波という見方（光の波動説）が科学者たちの常識となっていました。

干渉とは，波の独特な性質で，二つ以上の波が重なり合って，強め合ったり弱め合ったりすることです。

ヤングは，光の波で干渉縞をつくった

ヤングは，光源の先に一つのスリット（細いすき間）があいた板と二つのスリットがあいた板を置き，その先に光を映すスクリーンを置きました。光が波ならば，スリットAを通過した波の山とスリットBを通過した波の山が重なる点では，波が強め合い，光は明るくなります。

一方，山と谷が重なり合う点では，波が弱め合い，光は暗くなります。**そしてスクリーンには，独特の明暗のしま模様（干渉縞）ができるはずです。ヤングはこの実験を行って，スクリーンに干渉縞を映してみせたのです。**

ヤングの実験が決め手の一つとなって，学界では「光は粒子ではなく波」という考えが主流となっていくんだポン。

2 光の干渉の実験

光源の先に，スリットが一つあいた板と，スリットが二つあいた板を置きます。その先にスクリーンを置くと「干渉縞」があらわれます。もし光が単純な粒子なら，右ページの下のイラストのように，スリットの先だけが明るくなるはずです。

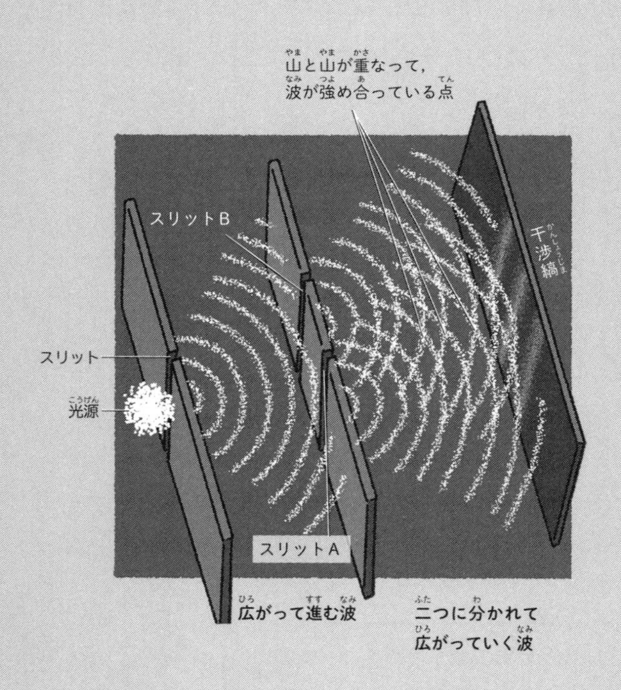

白い線は波の
「山の頂上」を
あらわしている

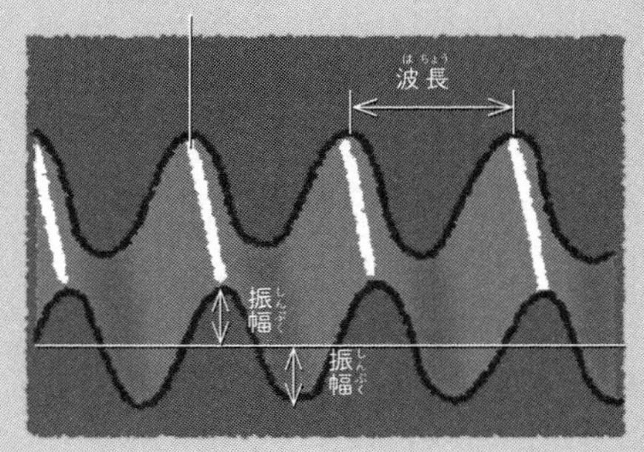

光が単純な粒子なら？

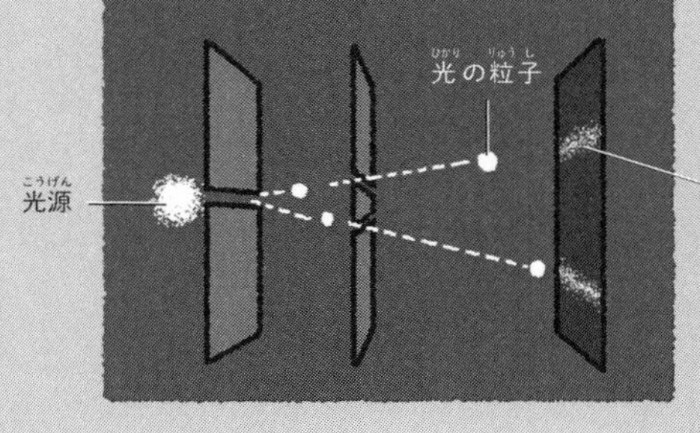

スリットの先の
辺りだけが明る
くなるはず

3 光の性質は，波の長さでかわる

光は，目に見える「可視光線」だけではない

光の波とは何でしょうか？　これは光の仲間について考えると，理解しやすいかもしれません。

目にみえる光を，「可視光線」とよびます。しかし光は，可視光線ばかりではありません。日焼けの原因となる「紫外線」や，電気ストーブから発せられて体をあたためる「赤外線」も光の仲間です。人間の目では，紫外線も赤外線も見えません。しかしこれらは，本質的に可視光線と同じものであることがわかっています。

紫外線も赤外線も，可視光線と同じもの

光の仲間は，「可視光線」「紫外線」「赤外線」だけではありません。**レントゲンに使われる「エックス線」，ウランなどから出る放射線の一種の「ガンマ線」，電子レンジで物をあたためる「マイクロ波」，携帯電話やテレビで使われる「電波」など，これらもすべて光の仲間です。**物理学では，これらすべてをまとめて「電磁波」とよびます。

上にあげたさまざまな光の仲間は，波長がそれぞれことなります。波長は，波の山から山の長さ（谷から谷の長さ）のことです。

光の仲間の波長は，ガンマ線が一番短くて，電波が一番長いよ。

3 さまざまな光の仲間

私たち人間の目で見える「可視光線」をはじめとした，さまざまな光の仲間（電磁波）をえがいています。それぞれの波長の範囲は厳密に決まっておらず，おたがいにいくらか重なり合っています。

可視光
（波長：約400～800ナノメートル）
目に見える光。人間には，波長によって色がちがってみえます。

ガンマ線
（波長：10ピコメートル以下）
放射線の一種。

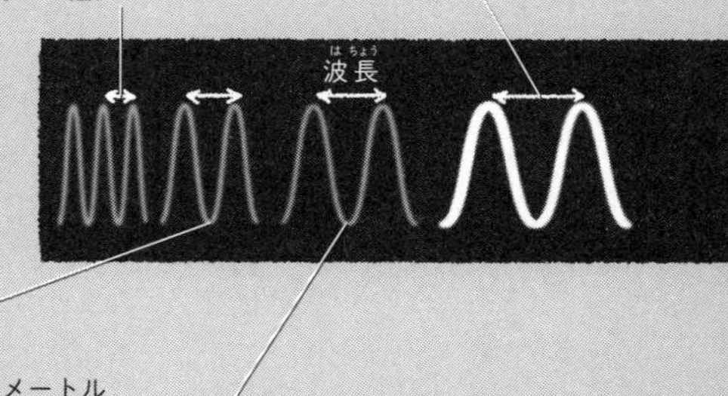

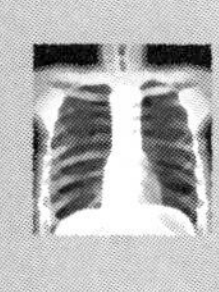

エックス線
（波長：1ピコメートル～10ナノメートル）

紫外線
（波長：1～400ナノメートル）
日焼けやしみの原因。

電波
（波長：約0.1ミリメートル以上）
スマートフォンやテレビなどの通信に使われます。波長の短いほうから，マイクロ波，超短波，短波，中短波，中波，長波などにさらに分類されています。

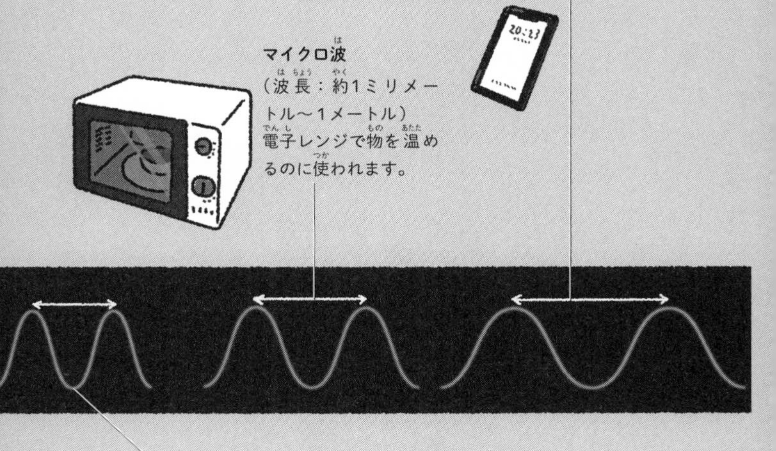

マイクロ波
（波長：約1ミリメートル～1メートル）
電子レンジで物を温めるのに使われます。

赤外線
（波長：約800ナノメートル～1ミリメートル）
赤色の可視光よりも波長が長いので，赤外線といいます。

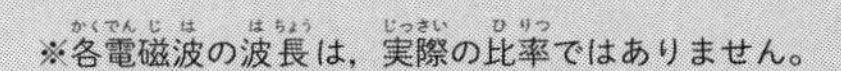
※各電磁波の波長は，実際の比率ではありません。

4 エネルギーは不連続！ プランクの「量子仮説」

光の色と温度の関係を説明できなかった

19世紀の終わりごろ，光についてのある難問がありました。

このころ製鉄業では，よい品質の鉄をつくるために，溶鉱炉の中の温度を正確にはかる必要がありました。高温の炉に，直接温度計を入れるわけにもいかないため，炉から出てくる光の色を見て，赤色なら600℃，黄色なら1000℃くらい，白色なら1300℃以上というように，炉の中の温度を推定していました。

しかしどの物理学者も，炉から出てくる光の色と炉の中の温度の関係を，理論的に説明することができなかったのです。

光を発する粒子の振動のエネルギーは，とびとび

そんな中，ドイツの物理学者のマックス・プランク（1858 ～ 1947）は，1900年に，高温のものから発せられる光の色（波長）と光の明るさ（強度）の関係を数式であらわすことに成功しました。そしてその数式を説明するために，「量子仮説」とよばれる考えにたどりつきました。**量子仮説とは，「光を発する粒子の振動のエネルギーは，とびとびの不連続な値しかとれない」というものです。**

マックス・プランクは1918年にノーベル物理学賞を受賞しています。

4 量子仮説誕生のきっかけ

高温の炉の小窓から出てくる光は，光の色（波長）と明るさ（強度）のグラフにあらわせます。プランクは，このグラフの形状について考察を重ね，「量子仮説」にたどり着きました。

内部が高温になった炉の断面

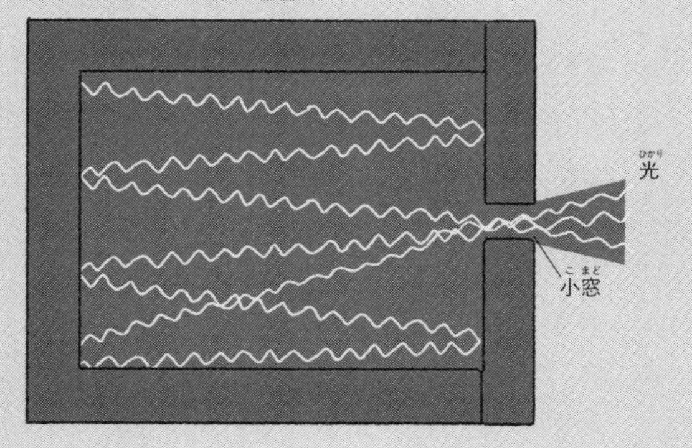

エネルギーをブロックであらわす

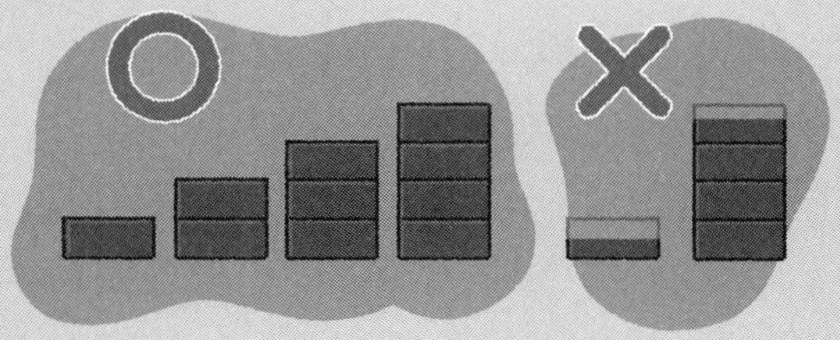

プランクは，エネルギー量子をブロックであらわし，1個分，2個分，3個分のように，エネルギーが整数倍の値しかとれないと考えました。0.5倍，3.6倍のような中途半端なエネルギーはありえないことになります。

5 アインシュタインは，光が粒子の性質をもつと考えた

光のエネルギーには，最小のかたまりがある

ドイツの物理学者のアルバート・アインシュタイン（1879～1955）も，高温のものから発せられる光について，独自に考察を重ねていました。そして1905年，「光量子仮説」という考えにたどりつきました。**光量子仮説とは，「光自体のエネルギーには，それ以上分割できない最小のかたまりがある」というものです。**この光のエネルギーの最小のかたまりを，「光量子（光子）」といいます。

プランクが「光を発する粒子の振動のエネルギーはとびとびだ」と考えたのに対して，アインシュタインは「エネルギーがとびとびなのは光のほうだ」と考えたのです。

金属に短い波長の光を当てると，電子が飛びだす

アインシュタインは光量子仮説を，19世紀末にみつかった「光電効果」という現象にあてはめて考えました。

光電効果は，金属に光を当てると，金属中の電子が，光からエネルギーをもらって外に飛びだす現象です。**金属に当てる光の波長が短いと，光が暗くても（弱くても）光電効果はおきます。しかし光の波長が長いと，光が明るくても（強くても）光電効果はおきません。**なぜなのでしょうか。

プランクとアインシュタイン，
どっちの考えが正しいのかな？

5 光電効果実験

箔検電器の金属板に静電気でマイナスの電気を与えると，マイナスの電気どうしの反発力で箔が開きます。この箔検電器の金属板に波長の短い光を当てると，光電効果で飛びだした電子がマイナスの電気を持ち去るので，箔が閉じます。一方，波長の長い光を当てても電子は飛びださず，箔は閉じません。

波長が短いと
光電効果がおきる

光を暗くしても，
光電効果はおきます。

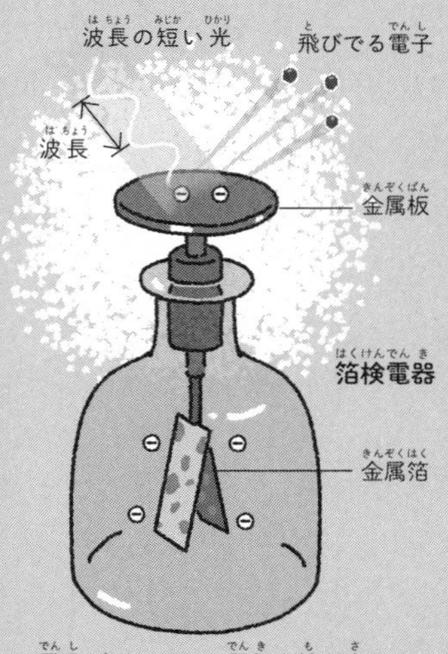

電子がマイナスの電気を持ち去り，
反発力が弱まって箔が閉じます。

波長が長いと
光電効果がおきない

光を明るくしても，
光電効果はおきません。

波長の長い光

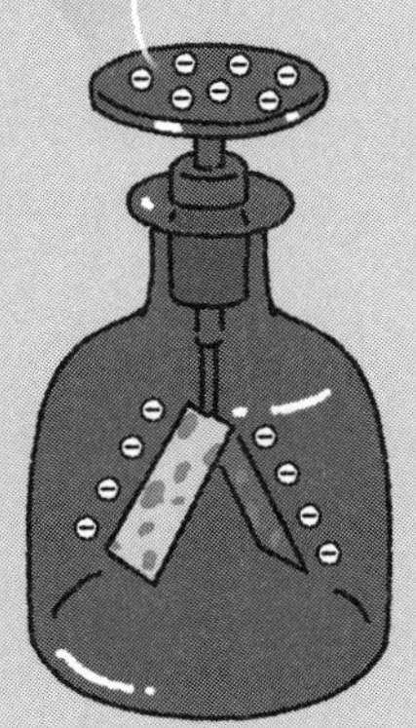

金属箔は，マイナスの電気の
反発力で開いたままです。

6 光を単純な波だとすると、説明がつかない

光を波と考えると、実験結果とあわない

光を単純な波と考えると、暗い光（弱い光）は振幅が小さく、明るい光（強い光）は振幅が大きいはずです。

ある条件で光電効果がおきている場合でも、そこから光を暗くすると（振幅を小さくすると）、電子はエネルギーを十分にもらえなくなり、光電効果はおきなくなりそうです。しかしこの予想は、実験結果とはあいません。**光を単純な波と考えていては、光電効果を説明できないのです。**

波長が短い光は，光子のエネルギーが高い

一方，光を光子の集合体と考えると，光電効果を説明できます。

光は波長が短いほど，一つの光子のエネルギーが高くなります。波長が短い光は，一つ一つの光子のエネルギーが高く，電子に与える衝撃が大きいので，光が暗くても（光子の数が少なくても）電子をはじきとばします。波長が長い光は，一つ一つの光子のエネルギーが低く，電子に与える衝撃が小さいので，光が明るくても（光子の数が多くても）電子をはじきとばせません。

こうしてアインシュタインは，光量子仮説をあてはめることで，光電効果を説明したのです。

6 光子で考える光電効果

光は波長が短いほど，一つの光子のエネルギーが高くなります。波長の短い光の光子は衝撃の大きい鉄球のようなもの，波長の長い光の光子は衝撃の小さいバドミントンの羽根のようなものです。

波長が短いと
光電効果がおきる

光を暗くしても，
光電効果はおきます。

波長の短い光

波長の短い光の光子は
衝撃が大きい

電子が飛びだす

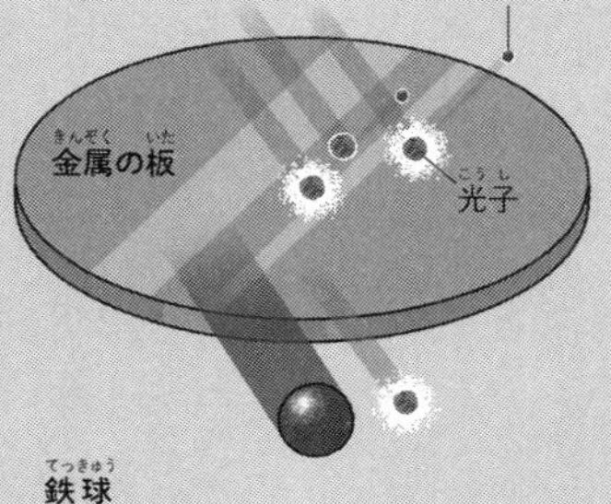

波長の短い光の光子は，
いわば衝撃の大きい鉄球

波長が長いと
光電効果がおきない

光を明るくしても，
光電効果はおきません。

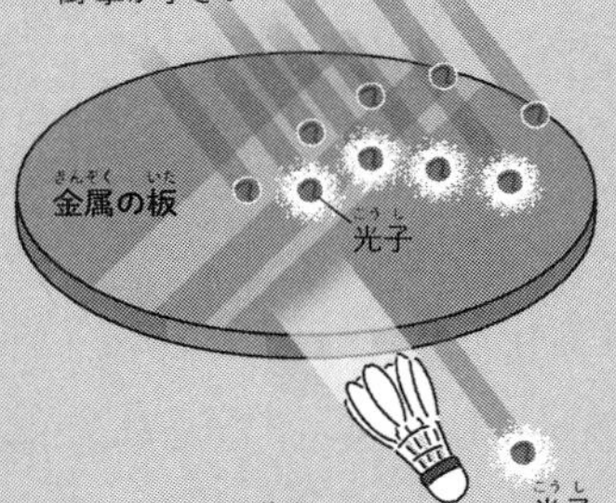

波長の長い光の光子は，いわば衝撃の小さいバドミントンの羽根

7 夜空に星が見えるのは，光が粒子だから

光は不連続な光子の集合

光を光子の集合体だとする考え方は，日常の現象にも深くかかわっています。たとえば，夜空の星が目に見えるのは，光が不連続な光子の集合だからだといえます。

夜空で輝いている星の大部分は太陽と同じような，自ら輝く「恒星」です。最も近い恒星でも地球から約4光年（約37億8400キロメートル）はなれています。もし光が連続的に広がっていく単なる波だとしたら，星の光は地球に届くころには感知できないほどにまで薄められて，星を見ることはできないことになってしまいます。

光のエネルギーが，無限に薄まることはない

　光が光子の集合であれば，光源からはなれるほど光子の密度（体積あたりの個数）は薄まりますが，光子一つはそのまま保たれます。光のエネルギーが，無限に薄まることはないのです。そのため，十分なエネルギーをもつ光子が目の奥の網膜に当たれば，星を見ることができます。光が粒のような性質をもつからこそ，夜空の星は目に見えるのです。

夜空をながめつづけていると，暗さに眼が慣れて，淡い星も徐々に見えてくることがあります。これは眼の奥で光を感じる網膜の感受性が高くなるためです。

7 夜空に星が見えるのはなぜ

光が空間を連続的に広がっていく単なる波だったら，光は無限に薄められてしまいます。つまり，夜空は真っ暗になってしまいます。光が不連続で，粒としての性質をもつため，遠い星からの光も，私たちの目で感知することができます。

光が単なる波だったら？　→夜空は真っ暗に

光が光子の集合なら？　→夜空は美しい星空に

8 結局，光の正体は波？それとも粒子？

光は，波のようでもあり，粒子のようでもある

ヤングは光が波の性質をもつことを示し，アインシュタインは光が粒子の性質をもつと考えました。結局，光の正体は波なのでしょうか，粒子なのでしょうか。**答は，「光は，波のような性質をもちながらも，粒子のような性質も同時にもつ」ということになります（光における「波と粒子の二面性」）。**

しかし波とは，空間の中で広がりをもって存在しているもののことです。通常，空間の1点だけを指して，波がここにあるとはいえません。一方，粒子は広がりをもたず，空間のどこか1点に存在するものです。これらのことを考えると，光が波のようでもあり粒子のようでもあるとい

うのは，矛盾しているように思えるかもしれません。

アインシュタインも，生涯悩み抜いた

実際，アインシュタインの光量子仮説が発表された当時，光は波と考えていた当時の物理学者のほとんどは，この仮説をすぐには支持しませんでした。**アインシュタイン自身も，光の不思議な性質について，生涯悩み抜いたといわれています。**

アインシュタインは，光電効果の研究によって，1921年にノーベル物理学賞を受賞したんだポン。

8 波としての光と粒子としての光

光における「波と粒子の二面性」をえがいています。左は光を波として考えた場合のイメージで，右は光を粒子の集合として考えた場合のイメージです。

光を波として考えた場合のイメージ

光を粒子の集合として考えた場合のイメージ

9 電子にも，波の性質があると考えられた

電子などの物質粒子は，波の性質ももつ

1923年，フランスの物理学者のルイ・ド・ブロイ（1892～1987）は，「電子などの物質粒子には，波の性質がある」と主張しました。電子における「波と粒子の二面性」の，はじめての提案です。**このような波を，「物質波」または「ド・ブロイ波」とよびます。**

これは，当時の常識に反していました。電子は，単純な粒子だと考えられていたからです。

9 電子も波と粒子の性質をもつ

電子の波は，電子が多数集まって波になるという意味でも，電子が波打ちながら進むという意味でもありません。一つの電子が，波の性質をもつのです。

電子の波は，電子が多数集まった波ではない

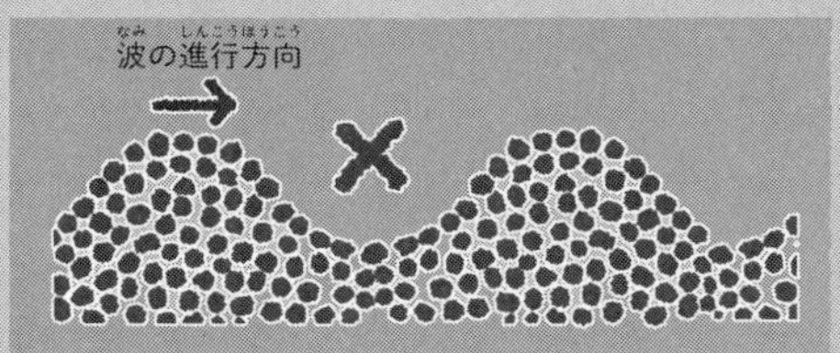

電子の波は，電子が波打ちながら進むという意味ではない

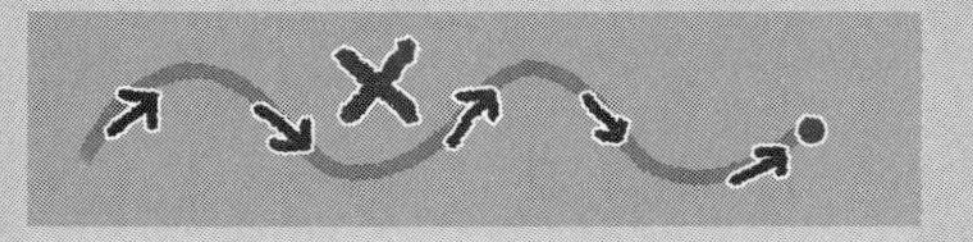

電子のオセロのコマ

アインシュタインに影響を受けたアイディア

ド・ブロイは，アインシュタインの光子の考えに影響を受けています。**光は，もともと波の性質をもつことが知られていて，その後に粒子としての性質ももつことがわかりました。ド・ブロイは，電子も同じだと考えたのです。**

物質を構成する電子が，波の性質をもつというのは衝撃的です。波は本来，多数の粒子がつくる現象だからです。物質を分割していくと，最終的にはそれ以上分割できない粒子があらわれると考えられていました。しかし実際は予想に反し，粒子と波の性質をあわせもつ奇妙なものが出てきたのです。

10 波の性質が，電子の居場所に関係していた

電子は，とびとびの特別な軌道にしか存在できない

「電子は波の性質をもつ」という考え方を使って，原子の模型を考えてみましょう。

原子核の周囲をマイナスの電気をもった電子がまわっている，という原子の模型がよくえがかれます。デンマークの物理学者のニールス・ボーア（1885～1962）は，原子核をまわる電子は，とびとびの特別な軌道にしか存在できないと考えました。

軌道を１周したとき，ちょうど電子の波がつながる

なぜ電子は，特別な軌道にしか存在できないのでしょうか。ド・ブロイの「電子は波の性質をもつ」という考えにもとづくと，うまく説明できます。

ド・ブロイは，原子核の周囲にある電子の軌道の1周の長さが，電子にとってちょうど良い長さでないと，電子は存在できないと考えました。ちょうど良い長さとは，電子の波長の整数倍の長さです。電子の軌道の１周の長さが，電子の波長の整数倍の長さであれば，電子の波がつながるからです。

ニールス・ボーアもド・ブロイも，ノーベル物理学賞を受賞しているんだって。

10 電子の軌道

原子核をまわる電子は，とびとびの軌道上にしか存在できません。電子の軌道の長さが，電子の波の波長の整数倍となる軌道にだけ，電子は存在します。

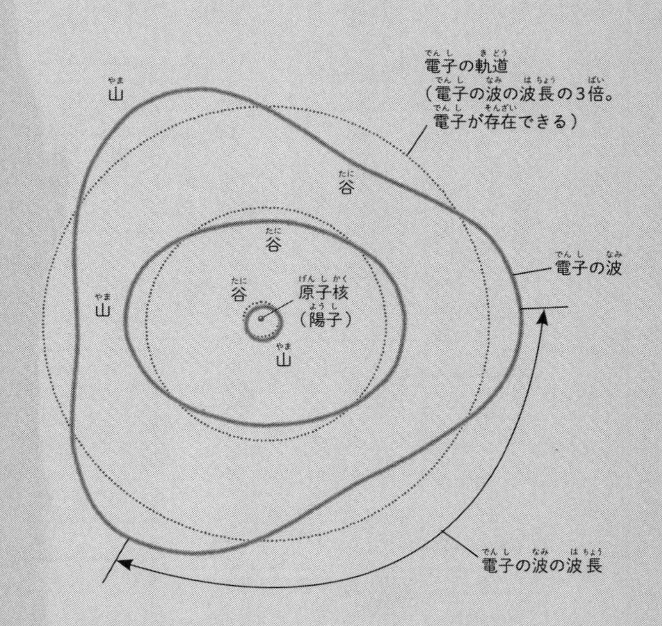

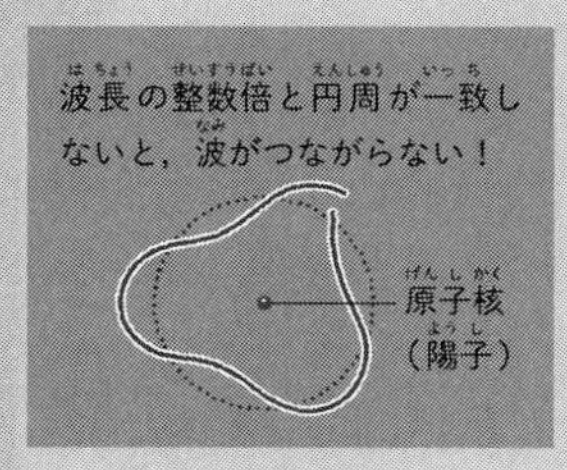

ド・ブロイ，物理学と出会う

1911年
19歳のド・ブロイは
大学で歴史学を
学んでいた

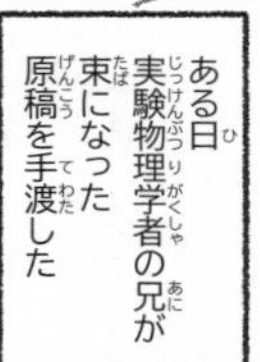

ある日
実験物理学者の兄が
束になった
原稿を手渡した

アインシュタインや
マリー・キュリーなど
当代一流の物理学者が
一堂に会する

ソルヴェイ会議の
議事録の
フランス語訳だった

ド・ブロイは
議事録を読んだとき
のことを思いだして
こういった

あの議事録は
私に心の
クーデターを
引き起こした

科学に
身をささげる
ことを誓い

それ以降
自分の書棚には
科学の本しか
置かなかったといわれる

ノーベル賞を受賞したが…

量子力学の礎となった
「ド・ブロイ波」
（物質波）

1924年に
ソルボンヌ大学で
ド・ブロイの博士論文が
提出されたとき、当時の
教授たちは完全には
理解できなかった

そこで
アインシュタインにも
読んでもらい
意見を求めると

「博士号より
ノーベル賞を受ける
に値する」
といった

5年後、37歳で
ノーベル物理学賞
を受賞

しかし彼の
物質波の意味づけは
ボーアたち
コペンハーゲン派からは
強く批判された

それ以降
大学教授など
数々の名誉職に
つくも

独創的な研究は
発表しなかった
という

第2章

一つの電子は，同時に複数の場所に存在している

第2章では，量子論を理解するうえでポイントとなる二つの重要項目のうち，二つ目の重要項目である「状態の共存（重ね合わせ）」を紹介します。状態の共存とは，ミクロな世界では，一つの物が同時に複数の状態をとることができるというものです。

1 ミクロな物質は，「状態の共存」という分身の術を使う

一つしかなくても，同時に複数の状態をとる

量子論を理解するうえでポイントとなる，二つの重要事項の二つ目，「状態の共存（重ね合わせ）」を紹介しましょう。**状態の共存とは，「電子などのミクロの物質や光は，一つしかなくても，同時に複数の状態をとることができる」ということです。**

ボールの入った箱をゆらした後，真ん中についたてを挿入します。当たり前ですが，ボールは右側か左側のどちらかにあるでしょう。

次に，仮想的な小さな箱の中の電子を考えます。電子は，箱の中のどこにいるかはわかりません。箱についたてを挿入します。常識的には，電子は左右のどちらかに存在するでしょう。

1 状態の共存とは

箱の中にボールを入れ，真ん中についたてを挿入すると，ボールは左右どちらかに存在します。一方，ミクロな世界で仮想的な小さな箱をつくり，電子を入れて同じようにしきった場合，電子は左右両方に同時に存在します。

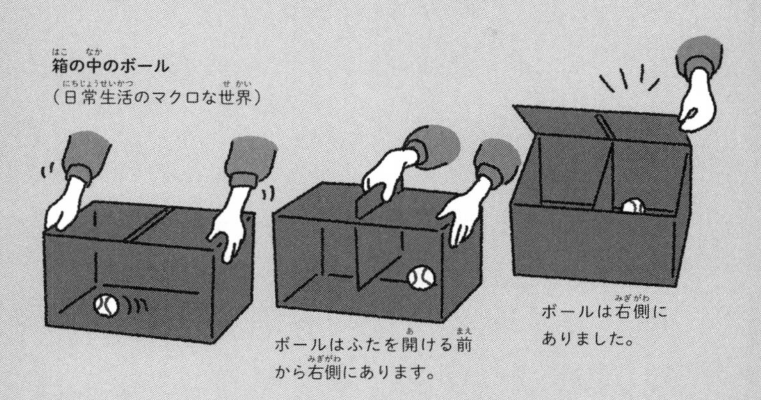

箱の中のボール
（日常生活のマクロな世界）
ボールはふたを開ける前から右側にあります。
ボールは右側にありました。

仮想的な小さな箱の中の電子
（量子論で考える必要があるミクロな世界）

右側の中でも，電子がさまざまな位置にいる状態が共存しています。

光を当てて，電子の位置を確認します。

観測前

観測後

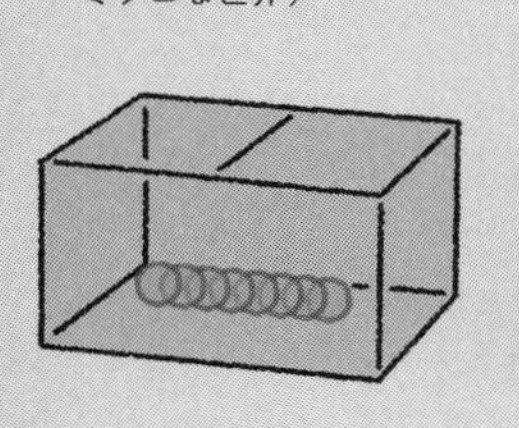

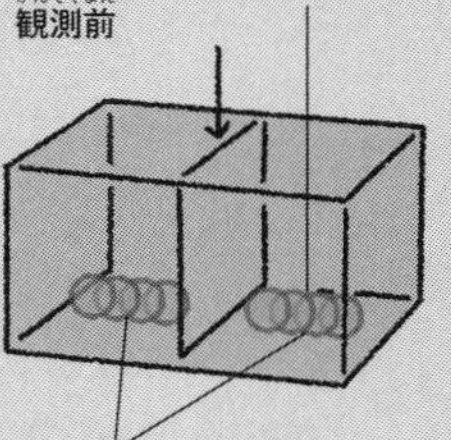

電子はふたを開ける前，左右両方に同時に存在しています（状態の共存）。

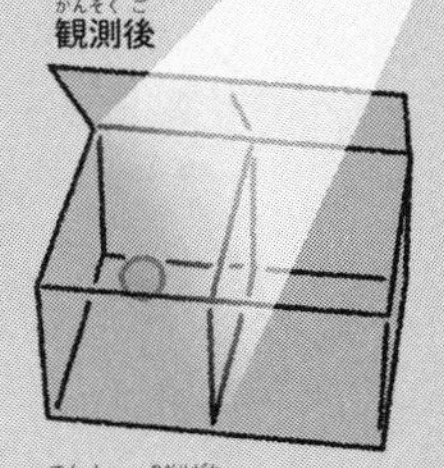

電子が左側にいることが確定します。

観測すると どちらの状態かに確定する

量子論によると，電子は箱の左右両方に同時に存在しています。ミクロな世界では，一つの物体は，同じ時刻に複数の場所に存在できるのです。

ただし，「同時に存在する」といっても，電子が複数にふえるわけではありません。**観測前は一つの電子が右にある状態と左にある状態が共存しており，観測するとどちらの状態かに確定するのです。**

「同時に存在する」とは奇妙な話ですが，量子論では常識を捨て，「物の存在」について，根本から考え直す必要があるのです。

2 電子の「波と粒子の二面性」と「状態の共存」を示す実験

電子も光と同じように干渉縞をつくる

ここからは，電子の二重スリット実験について考えながら，量子論の標準的な解釈である「コペンハーゲン解釈」を紹介しましょう。「波と粒子の二面性」と「状態の共存（重ね合わせ）」の二つが，理解のポイントです。

44～45ページで行った光の二重スリット実験と同じように，電子も二重スリット実験を行うと，干渉縞が生じます。電子を一つ発射しただけでは，スクリーンには一つの点状の跡しか残りません。この結果だけを見ると，電子は粒子に見えます。しかし，電子の発射を何度もくりかえすと干渉縞があらわれます。

2 電子の干渉実験

電子を一つ発射しただけでは，一つの点の跡しか残りません。しかし，電子の発射をくりかえすと，干渉縞があらわれます。電子がもし単純な粒子だったら，干渉縞はあらわれず，右ページの下のイラストのように，二重スリットの先に2本の線ができるだけのはずです。

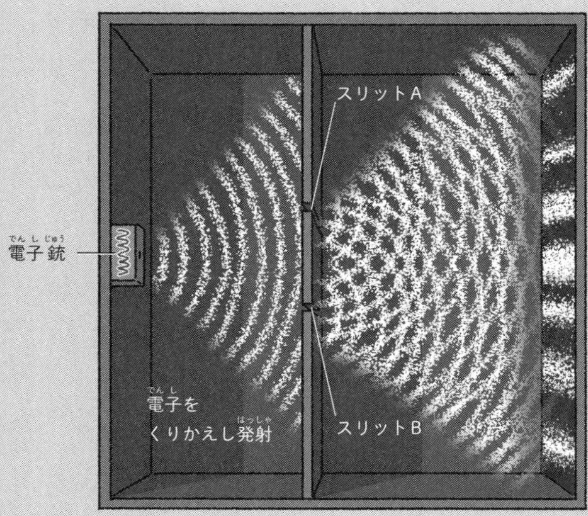

干渉縞ができるようす

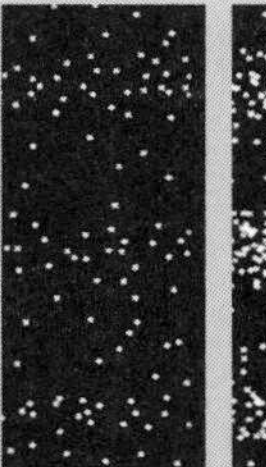
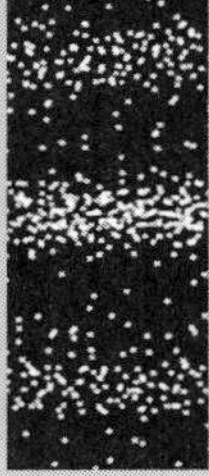

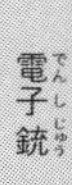
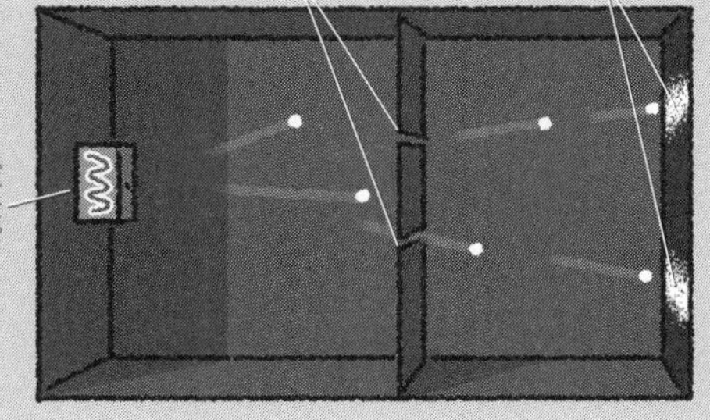

電子がもし単純な粒子だったら，スリットの先の近辺だけに電子の跡が残るはずです。

注：イラストは，『量子力学への招待』(著：外村 彰) の図2.1などを参考にしました。

電子は，単純な粒子でも単純な波でもない

もし，電子が単純な粒子だったら，85ページの下のイラストのように，スリットの先の近辺にだけ跡が残るはずです。電子は，波のような性質ももつのです。

電子は，粒子なのでしょうか，波なのでしょうか。電子は，単純な粒子でも単純な波でもありません。一つの電子は，「波と粒子の二面性」をもつのです。

電子は不思議な存在だね。

3 電子は見られると，波から粒子になる

観測すると，波が瞬時にちぢむ

83～86ページで紹介したように，一つの電子は「波と粒子の二面性」をもちます。この矛盾したような事実は，どう解釈したらよいのでしょうか。コペンハーゲンを中心に活躍したデンマークの物理学者のニールス・ボーア（1885～1962）らは，「コペンハーゲン解釈」とよばれる解釈を提案しました。

コペンハーゲン解釈によると，電子は観測していないときは，波の性質を保ちながら空間に広がっています。しかし，光を当てるなどして電子を観測すると，波が瞬時にちぢみ，1か所に集中したとがった波になります。この収縮の結果，電子は，粒子のように見えるというのです。

どこに出現するかは，確率的にしかわからない

　電子は，観測すると，観測前に波として広がっていた範囲内のどこかに出現します。**しかしどこに出現するかは，確率的にしかわかりません。**このような解釈をすれば，電子などの「波と粒子の二面性」を矛盾なく説明できると，ボーアらは考えたのです。

　しかし，なぜ波が収縮するのかは，いまだ謎のままです。

ボーアは，コペンハーゲン解釈に反対の立場をとるアインシュタインと論争をくりひろげたんだポン。

3 電子の「波と粒子の二面性」

上のイラストは，観測前に，空間的に広がっている電子の波のイメージです。観測を行うと，電子の波は，広がっていた範囲内のどこか1か所に瞬時に集まり，下のイラストのように，とがった波となります。

観測前

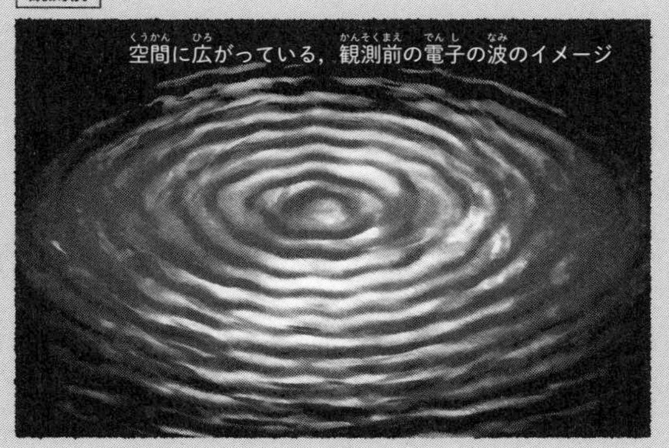

空間に広がっている，観測前の電子の波のイメージ

観測直後

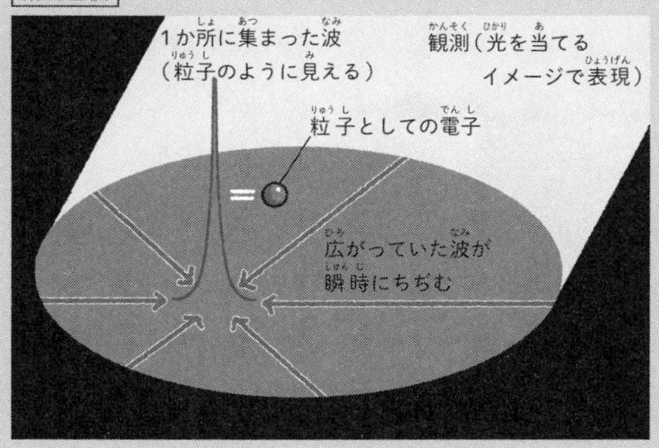

4 電子は，広範囲に分身しながら存在している

分身の術のごとく，同時に存在している

電子の波とは，いったいどんな意味をもつものなのでしょうか？

87～89ページで紹介したように，観測前の電子は，波のように空間に広がっています。**これをあえて粒子的な描像で考えると，一つの電子が，漫画などにえがかれる分身の術をしている忍者のごとく，あちこちに同時に存在しているイメージになります。**

電子の波を，電子の発見確率をあらわす波と考える

電子が発見される確率は，電子の波の山の頂上または谷の底で最大になり，電子の波が軸と交わっているところでゼロになります。**このように電子の波を，電子の発見確率をあらわす波と考えるのが，量子論の標準的な解釈となっている「コペンハーゲン解釈」です。**

電子の波を数学的にあらわしたものは，「波動関数」とよばれています。そして電子の波動関数が原子の中などで，どのような形をとるかを導くための量子論の基礎方程式を，「シュレーディンガー方程式」といいます。シュレーディンガー方程式は，オーストリアの物理学者のエルヴィン・シュレーディンガー（1887 ～ 1961）が，1926年に発表しました。

4 電子の波の発見確率

観測前の電子は，分身しているかのように，発見確率に濃淡をもちつつ，広範囲に同時に存在しています（左ページ）。観測すると，電子は，波が広がっていた範囲のどこか1か所に出現します（右ページ）。

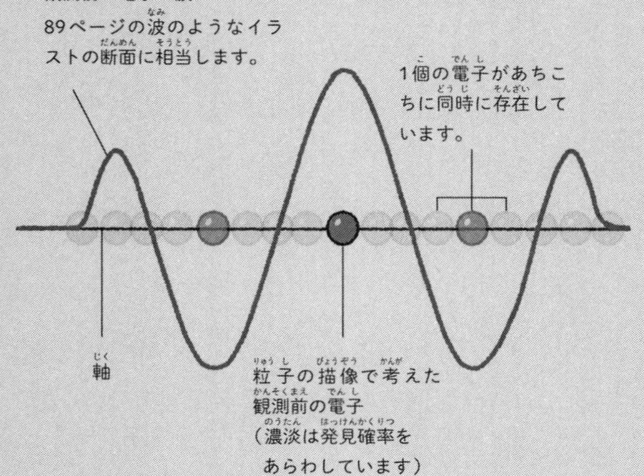
観測前
観測前の電子の波
89ページの波のようなイラストの断面に相当します。
1個の電子があちこちに同時に存在しています。
軸
粒子の描像で考えた観測前の電子
（濃淡は発見確率をあらわしています）

観測直後

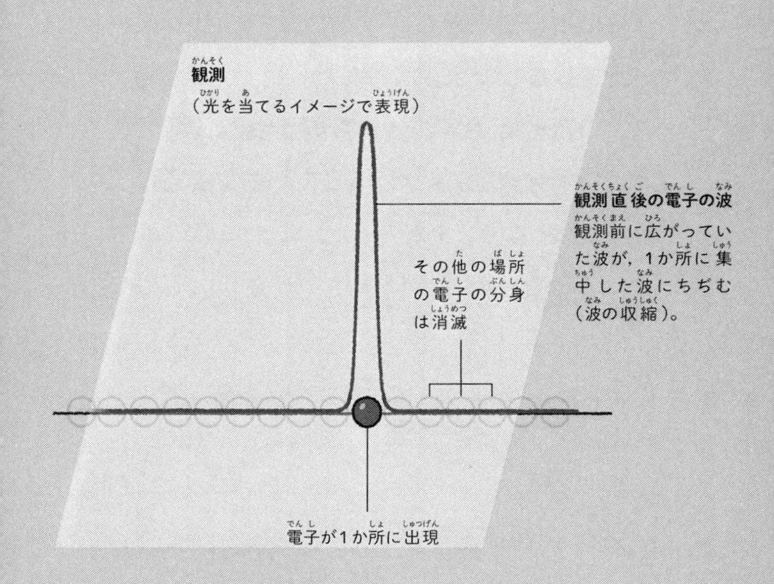
観測
（光を当てるイメージで表現）
観測直後の電子の波
観測前に広がっていた波が，1か所に集中した波にちぢむ（波の収縮）。
その他の場所の電子の分身は消滅
電子が1か所に出現

5 一つの電子は，二つの通路を同時に通ることができる

一つの電子が二つのスリットを通過する

さらに別の側面から，電子の二重スリット実験を検証しましょう。

一つの電子は電子銃から発射された後，波となってスリットAとスリットBの両方を通過します。たとえるなら，1人の人が，二つの扉の両方を通ってとなりの部屋に移動するようなものです。そんなことが，本当にありうるのでしょうか？

memo

観測装置をつけると，干渉縞はあらわれなくなる

　では，電子がどちらのスリットを通っているかを確認しながら同じ実験を行ったらどうなるでしょう？　それぞれのスリットのそばに，電子の通過を検出するような観測装置をつけるのです。**こういった実験を行うと，干渉縞はあらわれなくなります。**

　コペンハーゲン解釈にもとづいて考えると，観測行為そのものによって電子の波は収縮し，粒子の姿をあらわします。干渉には両方のスリットを通った波が必要ですから，この場合，干渉はおきません。

　干渉縞があらわれるということは，電子が二つのスリットを通った状態が，共存していることを意味するのです。

5 観測装置を置いた実験

二つのスリットのそばに電子の観測装置をつけると，干渉縞はあらわれません。干渉縞は，一つの電子が二つのスリットを両方とも，同時に通過しないとあらわれないからです。

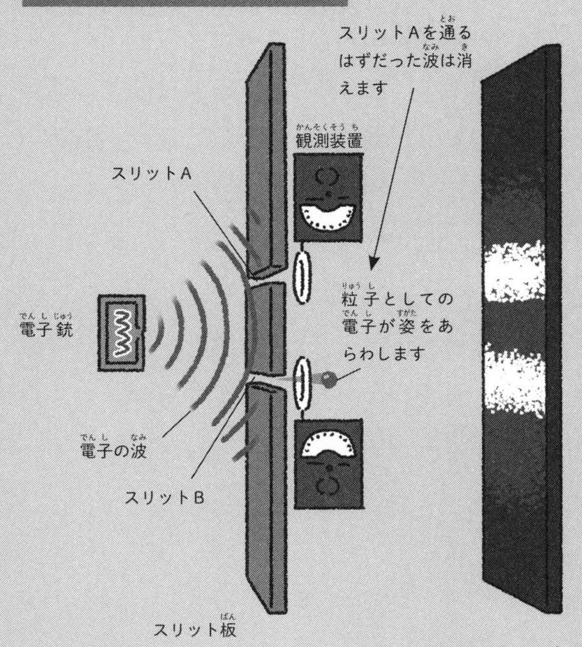
スリットのそばに観測装置を置いた場合
スリットAを通るはずだった波は消えます
観測装置
スリットA
粒子としての電子が姿をあらわします
電子銃
電子の波
スリットB
スリット板
84～85ページのような干渉縞はできません

6 電子の波は，マクロな物体とふれあうと収縮する

電子の波の性質が失われる

前のページの観測装置は，電子と比較にならないくらい大きな，マクロサイズの物体です。コペンハーゲン解釈では，「電子の波は，マクロな物体と相互作用すると収縮をおこす」と考えます。

マクロな物体は，電子のように，干渉といった量子論的な効果をおこしません。波の性質を示さないマクロな物体とふれあうことで，電子の波の性質が失われると考えられたのです。ただし，なぜマクロな物体と相互作用すると電子の波が収縮するのかは，今もって謎のままです。

電子の集団には，正確な予測ができる

量子論は，一つの電子のふるまいについては，確率的にしか予測できません。一方，膨大な数の電子の集団に対しては，正確な予測ができます。サイコロを何万回も振れば，偶数が出る割合が50%であると予測できるのと同じことです。**つまり量子論は，電子や原子などの集団をあつかう分には，十分に実用的な予測ができるのです。**

コペンハーゲン解釈をそのまま信用するかどうかはともかく，多くの科学者が実用上便利な手法としてこの解釈を採用しているようです。

「なぜ波の収縮がおきるのか？」「収縮前の波のほかの成分はどこに消えたのか？」という謎は残ったままだけど，量子論は数多くの科学・技術の発展に貢献するんだポン。

6 量子論の効果とサイズ

マクロサイズの大きな物体ほど，量子論の効果があらわれなくなります。量子論の世界では，細胞などもマクロな世界に分類されます。

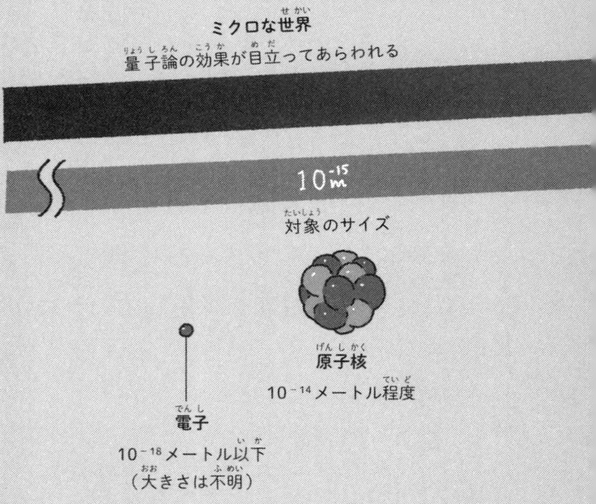

ミクロな世界

量子論の効果が目立ってあらわれる

10^{-15}m

対象のサイズ

原子核

10^{-14}メートル程度

電子

10^{-18}メートル以下

（大きさは不明）

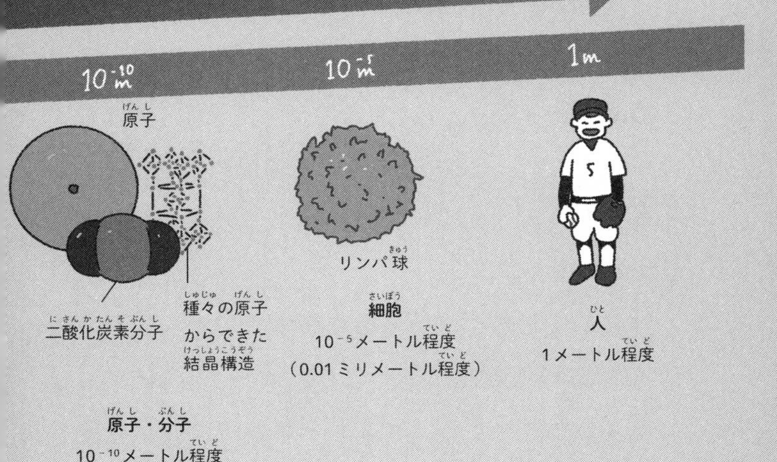
マクロな世界
量子論の効果がほとんど見られない
10⁻¹⁰m
10⁻⁵m
1m
原子
二酸化炭素分子
種々の原子
からできた
結晶構造
リンパ球
細胞
10⁻⁵メートル程度
（0.01ミリメートル程度）
人
1メートル程度
原子・分子
10⁻¹⁰メートル程度

7 電子がどこにいるのか，誰にも予測できない

どこで発見されるかは，偶然に支配される

ここからは，量子論の解釈をめぐる論争について紹介します。

「コペンハーゲン解釈」によると，広がった電子の波は，そのどこででも電子が発見される可能性があります。そこで，広がった電子の波を右のイラストのように，無数の針状の波の集まりとして考えましょう。

針状の波の高さは，その場所で電子が発見される確率に対応します。つまり，電子は発見確率の濃淡をもちながら，さまざまな場所に共存しているといえます。そして，観測してどこで発見されるかは偶然に支配され，確率的にしか予測できないのです。

7 電子の波を針状の波で考える

電子の波は，A点，B点，C点のように，無数の針状の波（粒子）が集まったものとして考えることができます。どこで電子が発見されるかは，この波の高さに応じて確率的にしか予測できません。

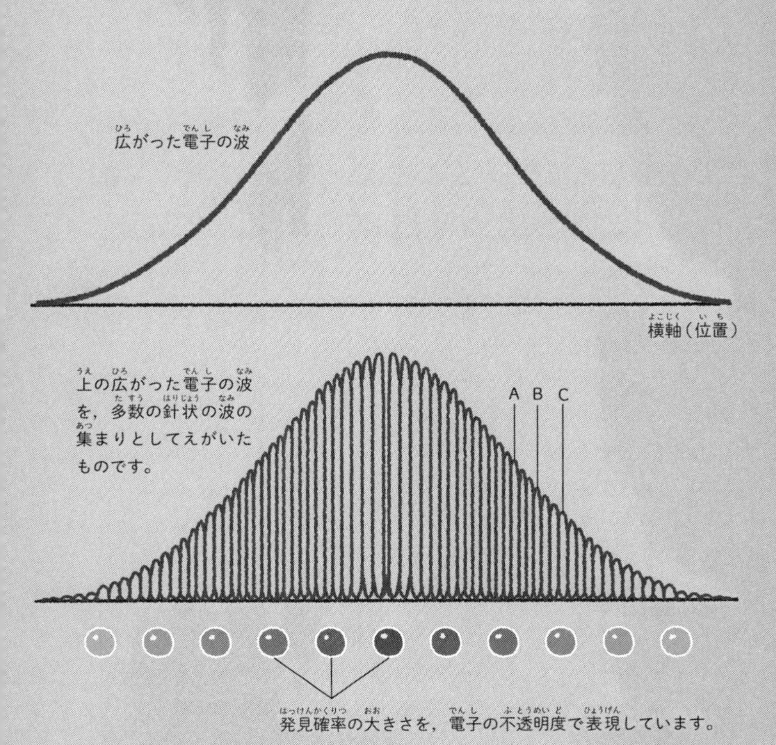
広がった電子の波
横軸（位置）
上の広がった電子の波を，多数の針状の波の集まりとしてえがいたものです。
A
B
C
発見確率の大きさを，電子の不透明度で表現しています。

「神はサイコロ遊びをしない！」

アインシュタインは，光子の存在を予言するなど，量子論の創始者の一人です。しかし，量子論のコペンハーゲン解釈に対しては，「神はサイコロ遊びをしない！」といって批判しました。

アインシュタインは，量子論のコペンハーゲン解釈が正しいなら，全知全能の神でさえ，電子がどこに存在するかわからないことになると考えたのです。

アインシュタインは，まるですべての物事を決める神が，サイコロを振って出た目に応じて電子の位置を決めているかのようなコペンハーゲン解釈を認められなかったのです。

8 生と死が共存した「シュレーディンガーのネコ」

コペンハーゲン解釈をめぐる議論

コペンハーゲン解釈をめぐって，「観測装置も原子，分子からできているのだから，観測装置で波の収縮がおきるとするのはおかしい」と考える人もでてきました。彼らは，「波の収縮がおきるのは，観測装置によってではなく，測定結果を人間が脳の中で認識したときだ」と主張したのです。

この解釈に対して，量子論の創始者の一人であるエルヴィン・シュレーディンガーは，107ページのイラストのようなネコの思考実験を使って批判しました。

「半死半生のネコ」が存在する？？

冒頭の解釈によれば，原子核が崩壊したかどうかは，観測者が箱の中のネコが生きているかどうかを確認するまで決まらないことになります。**シュレーディンガーは，冒頭の解釈は，半死半生のネコというばかげた存在をゆるすことになると強く批判したのです。**

多くの研究者は，半死半生のネコなどありえないと考えているようです。しかし，統一された解釈は確立していません。

シュレーディンガーも1933年にノーベル物理学賞を受賞しているんだって。量子論の学者は，ノーベル賞受賞者のオールスターだね！

8 シュレーディンガーのネコ

放射性をもつ原子の原子核から，放出された放射線を検出器がとらえると，毒ガスが発生して，ネコは死んでしまいます。極端な解釈では，ネコの生死は，観測者が窓を開けて中を確認するまで確定しないことになってしまいます。

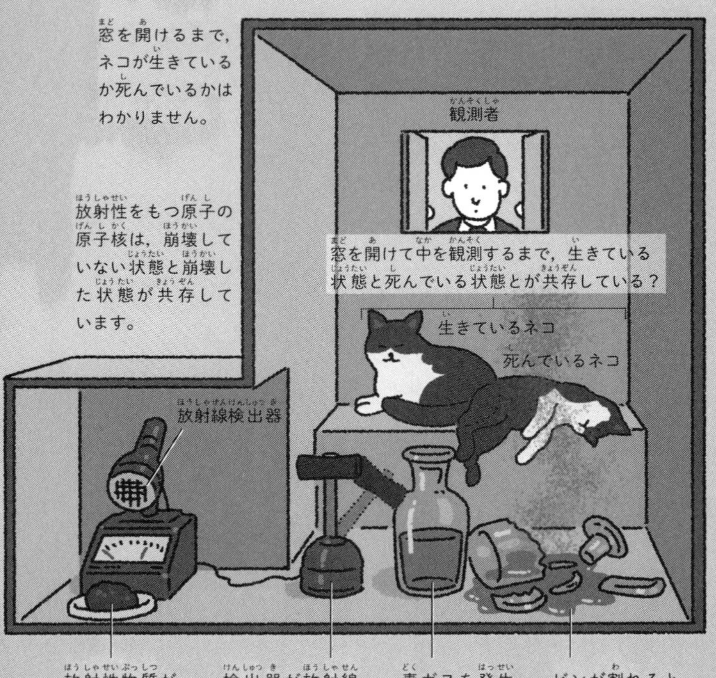

窓を開けるまで，ネコが生きているか死んでいるかはわかりません。
観測者
放射性をもつ原子の原子核は，崩壊していない状態と崩壊した状態が共存しています。
窓を開けて中を観測するまで，生きている状態と死んでいる状態とが共存している？
生きているネコ
死んでいるネコ
放射線検出器
放射性物質が小量だけ含まれる鉱石。
検出器が放射線を感知すると，ハンマーがビンを割ります。
毒ガスを発生させる液体が入ったビン。
ビンが割れると毒ガスが発生します。

貝殻から，波の音が聞こえる

だれもが一度は，海で拾った貝殻を耳にあててみたことがあるのではないでしょうか。**貝殻を耳にあてると，ザーッといった潮騒のような音が聞こえることがあります。**これはいったい，何の音なのでしょうか？

あまり意識することはないですけれど，わたしたちの身のまわりには，常にいろいろな音があふれています。耳はとてもすぐれた集音能力をもっていて，さまざまな周波数の音波を，たくみに聞き取ります。**耳に貝殻を当てると，音波の一部がさえぎられて弱くなるとともに，貝殻内の空間に合った周波数の音波が貝の中で共鳴して強められます。**その音が，ちょうど海の波と似た周波数の音として，聞こえることがあるのです。

貝殻の種類や，貝殻を耳にあてる角度などを変えると，共鳴する音の高さや強さは変わります。海に行ったら，波の音に近いと思う貝殻を探してみるのも楽しそうですね。

シュレーディンガーの初恋

シュレーディンガーは1887年ウィーン生まれ

一人っ子で愛情を一身に受けて育つ

ギムナジウム（中等教育機関）では数学と物理の成績はつねに首席

ほかにもドイツの詩や、哲学者のショーペンハウアーの作品を好んだ

1906年にウィーン大学へ入学し物理学を専攻

しかし、あこがれの物理学教授ルートヴィッヒ・ボルツマンが入学直前に自殺

後任のフリードリヒ・ハーゼノールを通じてボルツマンの学説に強い影響を受ける

のちに、ボルツマンの考えた道こそ科学における私の初恋といってもよいと述懐している

西洋科学と東洋哲学の出会い

ショーペンハウアーの
影響で
シュレーディンガーは
東洋哲学に興味を
もっていた

特に「梵我一如」の
思想に深く感銘を
受けており
西洋
東洋
西洋科学の構造に
東洋の同一化の教理を
同化させることで
より理解が深まると
考えていた

波動方程式は
東洋哲学の諸原理を
記述しているのだと
語るほどだった

晩年には
『精神と物質』を著し
精神と物質の一元論を
唱えるなど
思索を深めた

第3章

量子論がえがくあいまいな世界

量子論が誕生する以前，あらゆる物体の運動は計算できると考えられていました。しかし量子論によると，それは原理的に不可能だといいます。どういうことなのでしょう。第3章では，不確定であいまいなミクロな世界について紹介しましょう。

1 電子の位置と方向は，同時にはわからない

水面の波は，防波堤のすき間が広いと，直進する

今度は，「自然界は何もかもがあいまい」という話に移りましょう。

水面の波の回折を考えます。水面の波は，防波堤のすき間が広いと，波は防波堤の先でほぼ直進します。一方，すき間がせまいと，波は防波堤の先で広がります。これは波の一般的な性質なので，電子の波でも同じことがおきます。

ミクロな世界では，電子の位置も運動方向もあいまいになります。

電子の波も，スリットの幅が広いと，直進する

次に，スリットを通過する電子の波を考えます。**幅の広いスリットの場合，電子の波がスリットを通過する際，電子はスリットの幅のどこにいるのかわからないので，電子の「位置の不確かさ」は大きいといえます。そして，電子の波はスリットの先でほぼ直進するので，電子の「運動方向の不確かさ」は小さいといえます。**

一方，幅のせまいスリットの場合，電子の波がスリットを通過する際，電子の「位置の不確かさ」は小さいといえます。そして，電子の波はスリットの先で大きく広がって進むので，電子の「運動方向の不確かさ」は大きいといえます。スリットを通過する際に，さまざまな運動方向の電子が共存しており，運動方向は決まっていないのです。

1 電子の位置と運動方向

水面の波と電子の波は，同じふるまいをします。水面の波が防波堤のすき間を通過するときのようすと，電子の波がスリットを通過するときのようすをえがきました。

水面の波

防波堤のすき間が広い場合

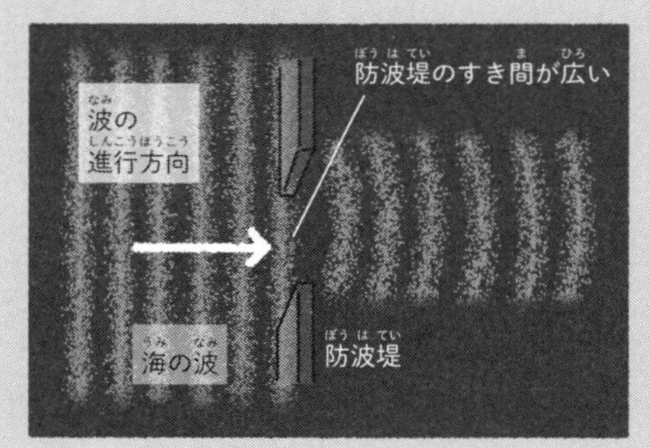

波はあまり広がらず，ほぼ直進する

防波堤のすき間がせまい場合

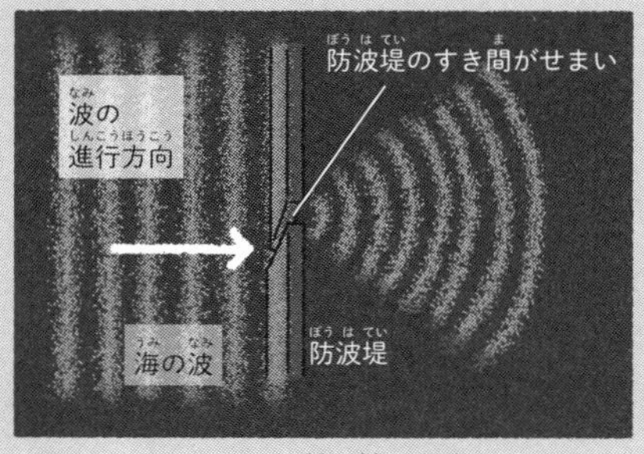

波は大きく広がる

波は，すき間が広いと直進し，すき間がせまいと広がるんだね！

電子の波

スリット幅が広い場合の電子の波の回折　　位置の不確かさは大きい

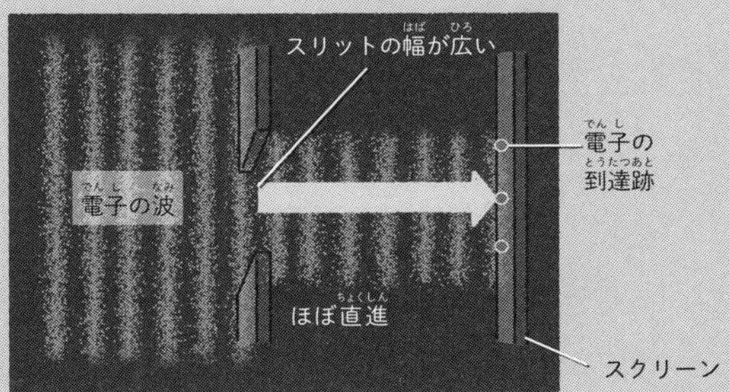

運動方向の不確かさは小さい

スリット幅がせまい場合の電子の波の回折　　位置の不確かさは小さい

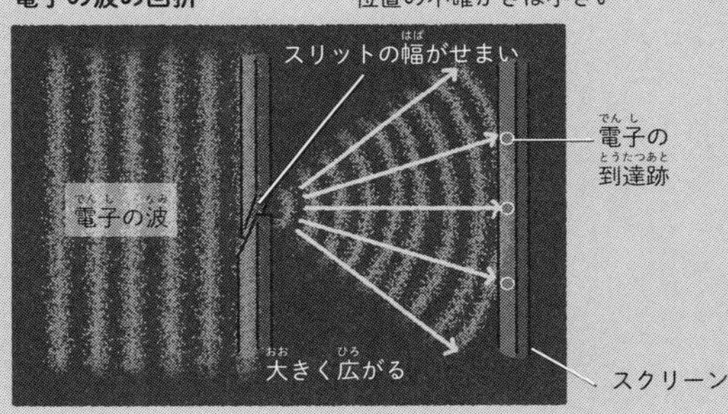

運動方向の不確かさは大きい

2 未来の予言を不可能にする「不確定性関係」

位置と運動方向は，同時に正確には決められない

前のページで紹介したように，結局，電子の運動方向を正確に決めると位置の不確かさが大きくなり，電子の位置を正確に決めると運動方向の不確かさが大きくなります。つまり，両者を同時に正確に決めることは不可能なのです。**これを，「位置と運動量の不確定性関係」とよびます。**

ハイゼンベルクも，1932年にノーベル物理学賞を受賞しているんだポン。

ラプラスの魔物でも，未来の正確な予言は不可能

不確定性関係は，ドイツの物理学者のヴェルナー・ハイゼンベルク（1901～1976）が，1927年にいいだしたことです。

不確定とは，「実際は決まっているが，人間には知ることができない」という意味ではありません。ここでは，「多くの状態が共存していて，その後実際に人間がどの状態を観測するかは決まっていない」という意味だと理解してください。つまり，電子一つをとってみても未来は決まっておらず，「ラプラスの魔物」でも未来の正確な予言は不可能なのです。

注：ここでは運動方向だけを考えましたが，量子論の正確な計算によると，位置とペアになって不確定になるのは「運動量」です。運動量とは「質量×速度（運動方向を含む）」ですから，位置を正確に決めると，速さも不確定になります。

2 位置と運動量の不確定性関係

電子の位置と運動方向を，同時に正確に決めることはできません。これを，位置と運動量の不確定性関係とよびます。

運動方向を正確に決めると，
位置が不確かになります

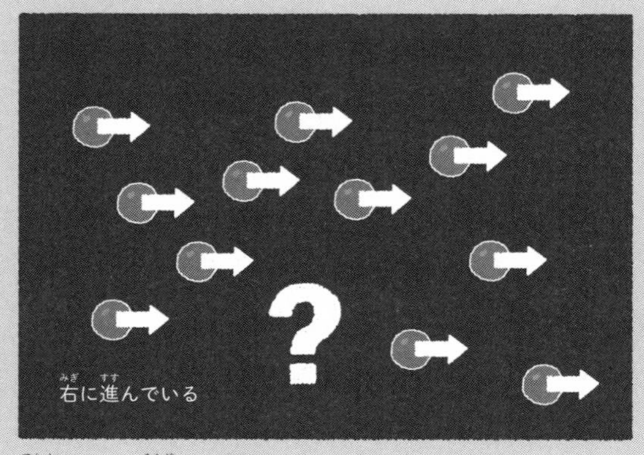

電子がどこに存在するかわかりません
（電子は同時に多くの場所にいます）

不確定性関係の公式

$$\Delta x \times \Delta p \geqq h$$

不確定性関係は，ドイツの物理学者のヴェルナー・ハイゼンベルクが，1927年にいいだしたことです。Δ**x**は位置の不確定さの幅，Δ**p**は運動量の不確定さの幅で，**h**は定数です（**h**＝6.6×10－34 J・s)。

位置を正確に決めると，
運動方向が不確かになります

電子の運動方向がわかりません
（電子はさまざまな方向に同時に運動しています）

3 アインシュタインが予言した「不気味な遠隔作用」

どんなに距離がはなれていても，同時に動きが確定

不確定性関係が示す「自然界のあいまいさ」に反発したアインシュタインは，共同研究者とともにある思考実験を発表しました。

自転している電子AとBを考えます。二つの電子は，同じ場所から正反対の方向に向かって飛んでいきます。観測しない段階では，二つの電子の自転方向は，「Aが右まわりで，Bが左まわりの状態」と「Aが左まわりで，Bが右まわりの状態」が共存しています。ここで電子Aを観測し，自転方向が確定します。**するとその瞬間，どんなに二つの電子の距離がはなれていても，電子Bの自転は，電子Aと真逆に確定することになります。**

3 量子もつれとは

電子Aと電子Bの自転方向は，「Aが右まわりで，Bが左まわりの状態」と「Aが左まわりで，Bが右まわりの状態」が共存しています。電子Aと電子Bの自転方向が，逆になるようにしています。これが，「量子もつれ」の状態です。

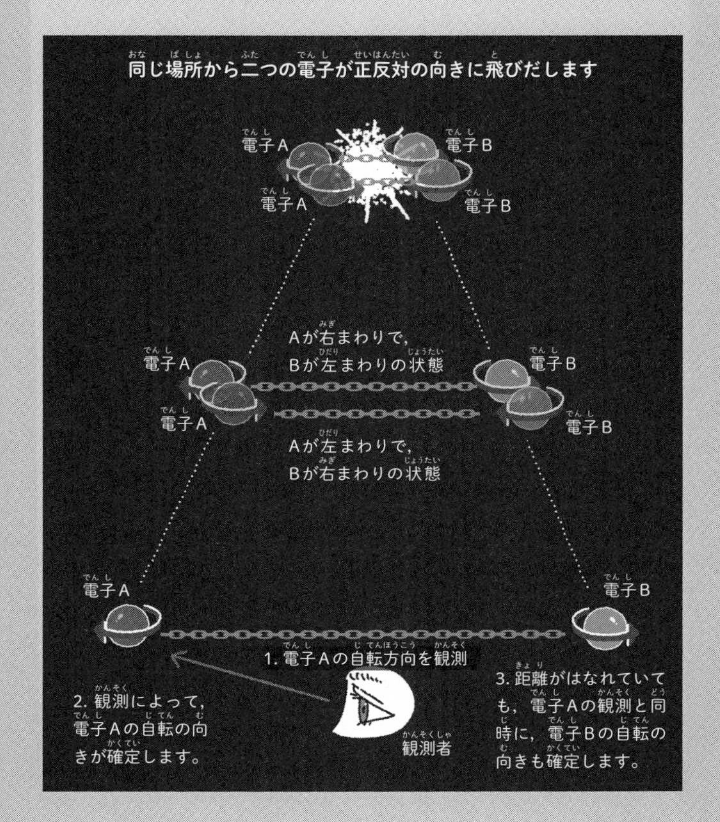
同じ場所から二つの電子が正反対の向きに飛びだします
電子A
電子B
電子A
電子B
Aが右まわりで，
Bが左まわりの状態
電子A
電子B
電子A
電子B
Aが左まわりで，
Bが右まわりの状態
電子A
電子B
1. 電子Aの自転方向を観測
2. 観測によって，
電子Aの自転の向きが確定します。
観測者
3. 距離がはなれていても，電子Aの観測と同時に，電子Bの自転の向きも確定します。

実験で証明された「量子もつれ」

アインシュタインらは，十分にはなれたものに時間差なしで瞬時に影響が伝わるなどありえないと考えて，この奇妙な現象を「不気味な遠隔作用」とよびました。**ところがのちに，この現象が実際に存在することが，実験的に証明されました。この事象は，「量子もつれ」とよばれるようになります。**

「量子もつれ」とよんだのは，私です。量子もつれは，量子コンピューターや，量子情報理論の発展につながっていきます。

4 ミクロな世界では，物質が生まれては消えている

エネルギーと時間の間にも不確定性関係がある

自然界にはさまざまな量（物理量）の間に，不確定性関係が存在します。自然界はミクロな視点で見れば，不確定であいまいなのです。

「エネルギーと時間」の間にも，不確定性関係があります。**何も存在しないはずの空間（真空）のある領域を拡大してミクロな世界を観察すると，ごく短い時間でみたとき，場所ごとのエネルギーは不確定でゆらいでいます。**ある領域が非常に高いエネルギーをもち，そのエネルギーを使って電子などの素粒子が生まれてくる可能性があるのです。

真空では，素粒子が生まれては消えている

真空もエネルギーが完全にゼロの状態はありえません。完全にゼロだとエネルギーが確定してしまい，不確定性関係に反するからです。

ただし真空から生まれた素粒子は，すぐ消滅し，元の何もない状態にもどります。エネルギーの不確定性は，ごく短い時間だけなのです。「真空のもつエネルギーのゆらぎによって，素粒子があちこちで生まれては消えている」のが，量子論が明らかにした真空の姿です。

注：素粒子とは，それ以上分割することができないと考えられているものです。電子や陽電子，光子などは素粒子です。ほかにも，さまざまな種類の素粒子があります。

4 ミクロな視点で見た真空

真空のある領域を拡大した，ある瞬間でのエネルギー分布です。波打つ面の凸凹が，エネルギーの高低をあらわしています。非常に高いエネルギーをもつ領域では，そのエネルギーを使って電子などの素粒子が生まれてくる可能性があります。

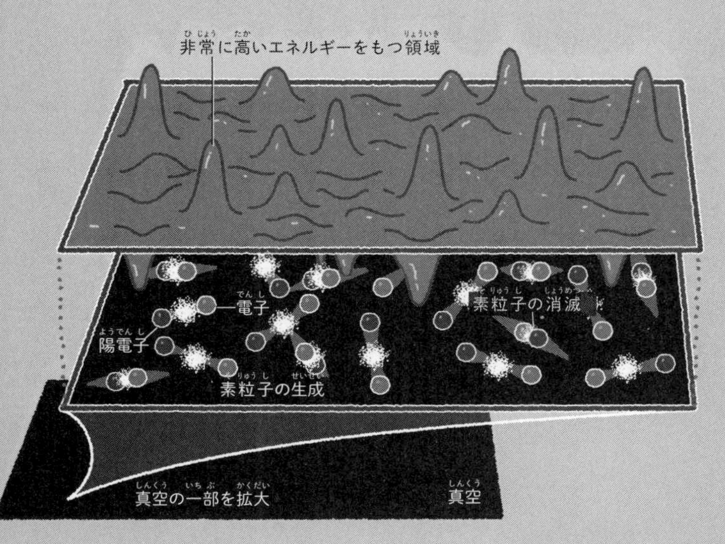

真空では，物質が生まれたり消えたりしてるんだ！

5 電子は幽霊のように，壁をすりぬけられる

可視光線はガラスにぶつかると，一部は透過する

電磁波は，障害物を透過する性質があります。たとえば可視光線は，ガラスにぶつかると，一部は反射しますが，一部は透過します。また，携帯電話やスマートフォンなどの電波が室内に届くのは，電波が壁などを幾分透過するというのが理由の一つです。どれだけ透過するかは，電波の波長や壁の材質などによってことなります。

右ページの「トンネル効果」がおきるのは電子だけに限りませんが，トンネル効果は質量が大きいほどおきにくくなるので，人間が壁をすり抜けるのは，ほとんどありえません。

電子は短時間なら，山をこえるエネルギーを得る

電子も波の性質をもつので，電磁波と同じようなことがおこります。**電子も本来なら通り抜けることができないはずの壁を，すり抜けることができるのです。これを，「トンネル効果」とよんでいます。**

電子のトンネル効果は，エネルギーと時間の不確定性関係から考えることもできます。131ページのイラストのような山の斜面を考えましょう。

電子はごく短時間であれば，山をこえるだけのエネルギーを得ることが可能です。そしてエネルギーを得た電子は，山の反対側に行くことができます。これを外部から見ると，「電子がいつのまにか山を“すり抜けて”，反対側に移動していた」と見えるのです。次は，トンネル効果の，より具体的な例を見てみましょう。

5 トンネル効果

可視光線はガラスにぶつかると，一部は反射しますが，一部は透過します。電子も波の性質を持つので，同じようなことがおこります。本来，通り抜けられないはずの壁を“すり抜ける”ことができるのです。これを「トンネル効果」といいます。

壁やガラスを透過する電磁波

注：電波が室内に届くのは，電波が回折（波が障害物のかげにまわりこんで進むこと）をおこしやすいからでもあります。わずかなすき間であってもそこから入りこみ，部屋の広範囲に広がっていきます。

普通のボールがこえられない山を，電子は“すり抜ける”ことができるんだね！

こえられないはずの山を“すり抜ける”電子

ごく短い時間なら，
山をこえるエネルギーを
得ることができます。

A　電子　B

普通のボールなら，
AとBの間を
行ったり来たり……

電子は山を
“すり抜ける”
ように見えます。

6 トンネル効果で，原子核から粒子が飛びでる

ガモフが，トンネル効果で説明に成功

ロシアで生まれたアメリカの理論物理学者のジョージ・ガモフ（1904 ～ 1968）らは，1928年，原子核の「アルファ崩壊」がなぜおきるかを，トンネル効果を使って説明することに成功しました。アルファ崩壊とは，ウランなどの放射性物質の原子核が「アルファ粒子」とよばれる粒子を放出して，少し軽い原子核になる現象です。

ガモフは，「宇宙は高温高密度の灼熱状態からはじまり，その後，膨張をつづけている」とする「ビッグバン宇宙論」の提唱者でもあるそうだよ。

6 アルファ崩壊

アルファ粒子は，陽子2個と中性子2個の塊です。アルファ粒子がエネルギーの山をトンネル効果で“すり抜ける”と，原子核がアルファ崩壊をおこします。

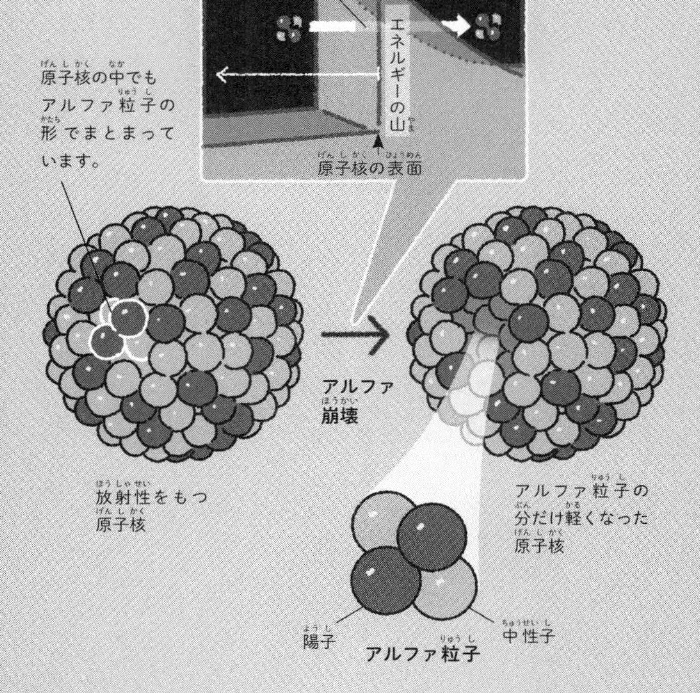

アルファ粒子が，トンネル効果で飛びでる

原子核の中のアルファ粒子は，強い「核力」によって原子核につなぎとめられているので，普通に考えれば原子核から飛びでることはありえません。アルファ粒子は，強い核力がつくる「エネルギーの山」に囲まれた，くぼ地にいるようなものです。

それでもアルファ粒子は，エネルギーの山を“すり抜けて”，原子核の外に飛びでることがあります。**アルファ粒子が，トンネル効果をおこすことがあるからです。**たとえるならば，アルファ崩壊は，満員電車の中で身動きがとれなかった人が，突然人混みをすり抜けるようなものなのです。

memo

身近にあるトンネル効果

トンネル効果って，何か身近な例があるのでしょうか？

晴れた日に，かならず目にしているはずじゃよ。

えっ！

実はトンネル効果は，太陽の中でつねにおきているんじゃ。太陽は，水素の原子核である陽子どうしが衝突・合体する「核融合反応」で輝いておる。単純に計算すると陽子どうしが衝突するには，数百億°Cぐらい必要じゃ。しかし，実際の太陽の中心温度は，1500万°Cぐらいしかないんじゃ。

ずいぶん温度がちがいますね。

太陽では，ある程度近づいた陽子どうしが，トンネル効果によって衝突し，核融合反応をおこしているんじゃよ。

へえ！　じゃあ僕たち，トンネル効果のおかげで太陽の光を受けられているんですね！

トンネルの天井の扇風機

トンネル効果が登場したので，道路のトンネルについてもふれておきましょう。トンネルをくぐったとき，天井に飛行機のエンジンのような，巨大な扇風機がついているのを見たことがある人もいるのではないでしょうか。あの扇風機は，いったい何のためについているのでしょう。

実はあの巨大な扇風機は，車から出た排気ガスをトンネルの外に吹き流したり，外のきれいな空気をトンネルの中に吹き入れたりするためのものです。トンネルは閉鎖的であるため，車の排気ガスに含まれる有害物質がたまると，健康被害が発生する恐れがあります。また汚れた空気で，視界が悪くなる危険性もあります。そのため巨大な扇風機を使って，トンネル内の空気の換気を行っているのです。

巨大な扇風機が発生させる風の速さは，台風並みの秒速およそ30メートルにも達します。ただしトンネル内の換気は，走行する車によっても行われます。**扇風機が威力を発揮するのは，トンネル内に渋滞が発生したときです。**

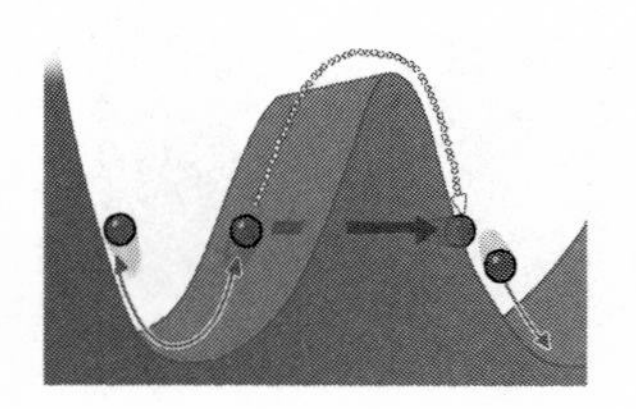

第4章

さまざまな分野に進出する量子論

量子論はさまざまな分野に応用され，化学反応のしくみや固体の性質などを解き明かしてきました。しかし，この世界のすべてを量子論で説明できるわけではありません。第４章では，量子論の功績と，新たな理論についてみていきましょう。

1 量子論の発展が，IT社会を生んだ

元素の周期性は，量子論によって解明された

ここからは，量子論の応用についてみていきましょう。量子論の大きな功績の一つは，物理学と化学の橋渡しをしたことです。

たとえば，元素の周期性がなぜ生じるのかは，量子論によって解明されました（146～149ページ）。元素を軽い順にならべると，似た性質の元素が周期的にあらわれます。これを表にしたのが周期表です。元素の周期性が生じる理由は，量子論にもとづいた，原子の電子軌道の理論によって明らかになったのです。

量子論がなければ，コンピューターもなかった

化学反応がなぜおきるのかも，量子論で理論的に説明できます（150 〜 153ページ）。

化学反応とは，原子と原子が結合したりはなれたりすることです。こうした原子のふるまいは，量子論にもとづいて予測できるのです。

また量子論は，「金属（導体）」「絶縁体」「半導体」といった固体の性質も明らかにしました（154ページ）。特に半導体は，コンピューターになくてはならない物質です。量子論にもとづく半導体の正しい理解がなければ，現在のようなIT社会は生まれなかったでしょう。

たとえば，二つの水素原子はくっついて水素分子をつくりますが，量子論が誕生する前は，この反応がなぜおきるのかは不明でした。

1 金属・絶縁体・半導体

電気の伝導性を基準にして，金属（導体）と絶縁体，半導体を色分けした周期表です。金属（導体）は電気を伝える元素，絶縁体は電気を伝えない元素です。半導体は，金属ほどは電気を伝えず，高温になるほど電気をよく伝える元素です。

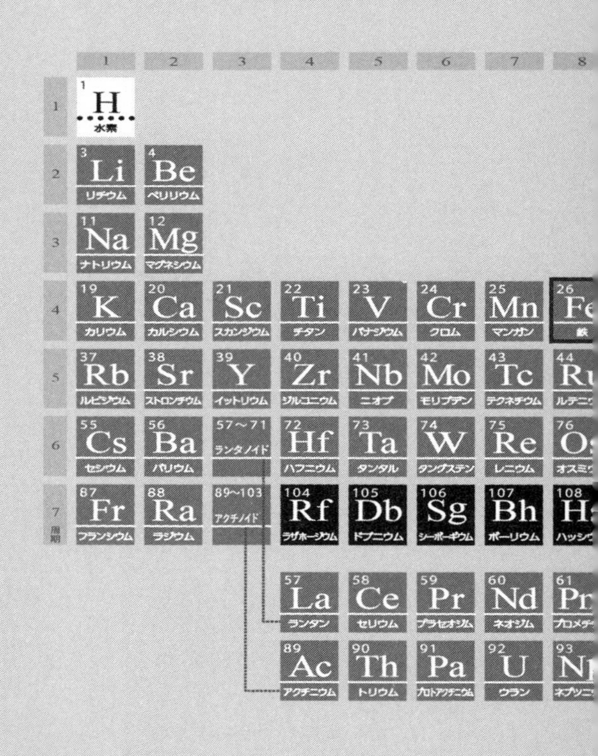

金属（導体）に分類される元素
絶縁体に分類される元素
半導体に分類される元素
電気の伝導性がよくわかっていない元素
磁石によくつく金属（15～25℃）

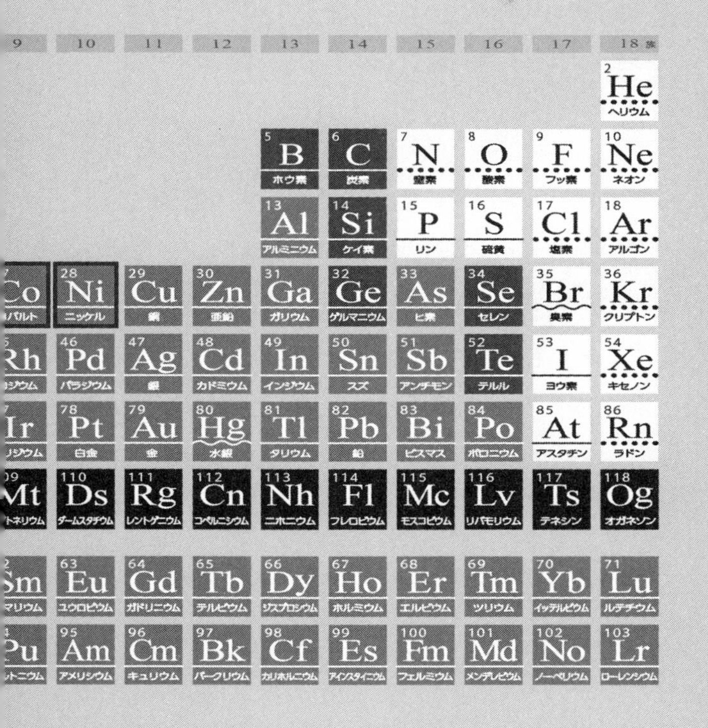

単体が気体の元素（25℃，1気圧）
単体が液体の元素（25℃，1気圧）
単体が固体の元素（25℃，1気圧）

2 電子の雲の解明で，周期表の意味が明らかになった

量子論が明らかにした，水素原子の電子の軌道

148～149ページのイラストは，量子論が明らかにした水素原子の電子の軌道です。**電子は観測しないかぎり，「ここにある」とはいえません。**軌道に分身の術のごとく広がっている電子を，雲のように表現しています。

水素原子では通常，電子は最もエネルギーの低い「1s軌道」にいます。外部からきた光を電子が吸収すると，電子が光からエネルギーをもらって，エネルギーの高い「2s軌道」や「2p軌道」などに飛び移ります。

元素がかわると，電子の配置がかわる

電子の軌道には定員があり，一つの軌道には二つの電子までしか入れません。

元素がかわると，電子の数がかわり，電子の配置がかわります。この電子の配置のちがいが，元素の化学的な性質のちがいをつくります。とくに最も外側のエネルギーの高い軌道（最外殻）にある電子の数は，元素の化学的な性質に大きな影響をおよぼします。**周期表では，最外殻の電子の数の等しい元素が，基本的に同じ縦の列に並んでいるのです。**

電子の配置のちがいがつくる，各元素の化学的な性質は，どんなイオンになりやすいか，どんな物質と反応をおこしやすいかなどだポン。

2 水素原子の電子の軌道

電子の軌道のうち，エネルギーの小さい三つの電子の軌道をえがきました。実際には，もっとエネルギーの高い軌道もたくさんあります。

よく見る簡略化した電子の軌道の図

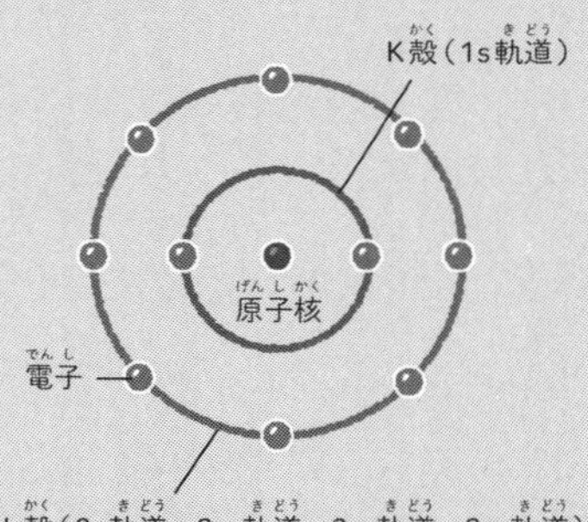

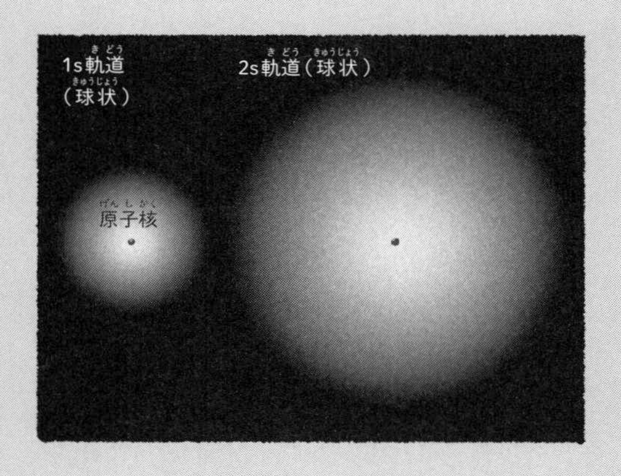

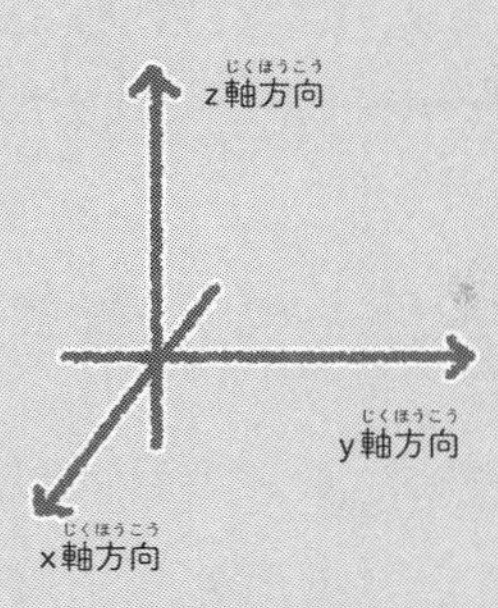

2p軌道はダンベルのような形をしています。このダンベルの向きには三つの種類（x軸，y軸，z軸）があり，$2p_x$軌道，$2p_y$軌道，$2p_z$軌道とよびます。下のイラストは，$2p_y$軌道です。

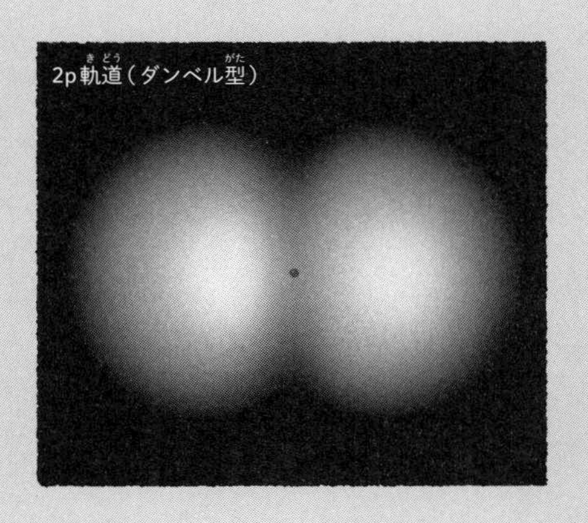

3 量子論がなければ，化学反応のしくみはわからなかった

原子は，一つ一つが電気的に中性

水素(H)や酸素(O)などの元素は，通常は二つの原子が結合して水素分子(H_2)や酸素分子(O_2)などの「分子」になっています。しかし，分子になる前の原子は，一つ一つが電気的に中性です。電気的に中性な原子どうしが，なぜ強固に結合して分子になることができるのでしょうか？

二つの水素原子をはなした状態から，徐々に近づけることを考えてみよう。

原子が近づくと，新たな分子の軌道がつくられる

量子論にもとづいた計算によると，二つの水素原子の1s軌道は，となりの水素原子が近づくと変化して，新たな形の水素分子の軌道をつくります。

もともとは二つの水素原子のものだった合計二つの電子は，ともにエネルギーの低い水素分子の軌道に入ります。**この軌道では，二つの原子核の間で電子の雲が濃くなっており，電子の雲の濃い領域と原子核との間に電気的な引力がはたらきます。その結果，電子を仲立ちとして，原子核どうしが結びつきます。**

こうして，二つの水素原子が結合して，水素分子になると考えられているのです。

3 原子が結合するしくみ

二つの水素原子を近づけると，1s軌道が変化していき，水素分子の軌道がつくられます。二つの電子がこの軌道に入ると，安定な水素分子となります。

二つの水素原子を近づけると……

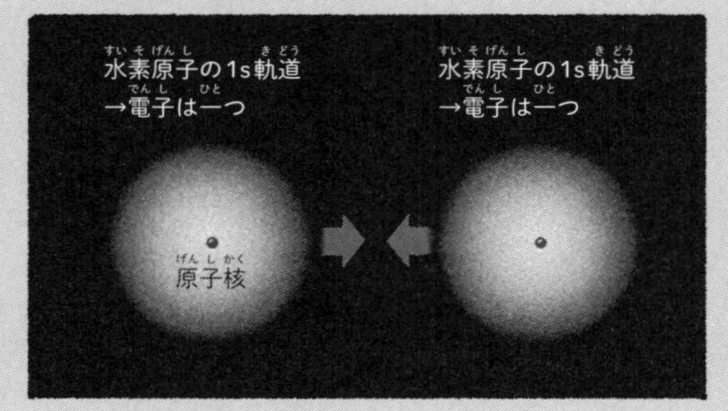

分子軌道がつくられて，
水素分子になります

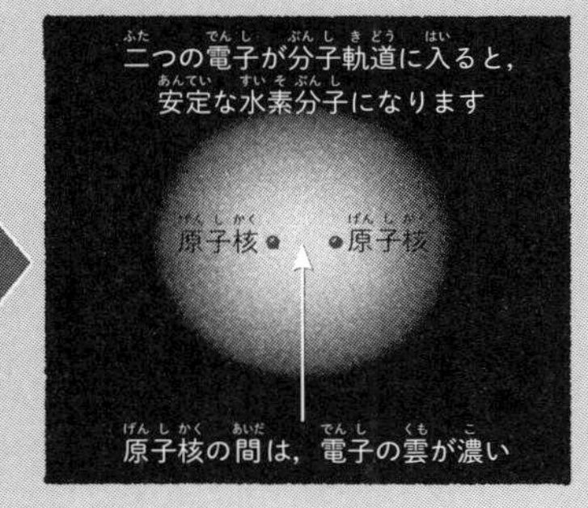
二つの電子が分子軌道に入ると，
安定な水素分子になります
原子核
原子核
原子核の間は，電子の雲が濃い

水素分子の軌道の原子核付近

電気的な引力　電気的な引力

原子核（正の電荷）　原子核（正の電荷）

電子の雲の濃い領域（負の電荷）

水素分子の原子核（正の電荷）の間は，電子の雲（負の電荷）が濃くなっているため，原子核がその領域に引っ張られます。これが水素原子どうしを結合させ，水素分子をつくる力の正体です。

4 パソコンもスマホも量子論で動く！

半導体は，導体と絶縁体の中間の性質をもつ

鉄などの「金属（導体）」は，電流（電子の流れ）を流すことができます。しかし，陶器のような「絶縁体」では，非常に高い電圧をかけないかぎり電流は流れません。

一方，シリコン（Si）などの「半導体」は，導体と絶縁体の中間の性質をもち，電気をわずかに通します。いずれも固体の物質なのに，なぜこのように性質がことなるのでしょうか。

4 スマートフォン

スマートフォンは,「手のひらサイズのコンピューター」ともいわれます。電子回路基板である「ロジックボード」には，半導体を使ったIC（集積回路）が多数搭載されています。

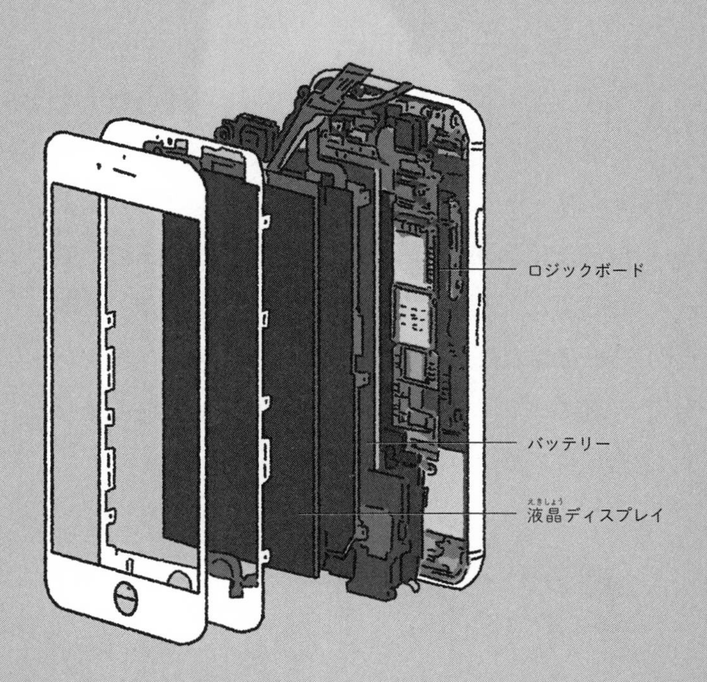

固体中の電子のふるまいは，量子論で明らかになった

ミクロな視点でみると，金属（導体）は，自由に動きまわれる電子（自由電子）をもつ物質だといえます。一方，絶縁体は，自由電子をもたない物質です。そして半導体は，通常は自由電子が少ない物質ですが，温度を上げたり不純物を加えたりすると，自由電子がふえる物質です。**こういった固体中の電子のふるまいは，量子論にもとづく「バンド理論」とよばれる理論によって明らかにされました。**

量子論の守備範囲は，ミクロな世界だけでなく，日常目にする世界にもおよぶのです。

電子のとりえるエネルギーは，細かく分裂してほとんど重なり合ってしまい，線ではなく，ある幅をもつ「バンド」になります。「バンド理論」とは，固体物質の性質を「バンド」にもとづいて考える理論です。

5 リニアモーターカーは，量子論で走っていた

液体が抵抗をまったく受けずに流れる

日常の世界にあらわれる，量子論を使わないと説明できない現象は，ほかにもあります。たとえば，「超流動」や「超伝導」がそうです。

超流動は，液体から粘り気がなくなり，液体が抵抗をまったく受けずに流れる現象です。

たとえばヘリウムは，約マイナス271℃以下まで冷やすと，超流動状態の粘度ゼロの液体ヘリウムになり，注射針のような細い管でもスルリと通り抜けます。

電気抵抗がゼロになる

一方，超伝導は，ある温度以下に冷却された物質で，電気抵抗がゼロになる現象です。この超伝導現象を利用しているのが，リニアモーターカーです。

リニアモーターカーには，コイルが超伝導状態になる「超伝導電磁石」が搭載されています。超伝導電磁石は，コイルの電気抵抗がゼロのため，いったん流れはじめた電流が永久に流れつづけ，強力な磁力を安定して生みだすことができます。日常の世界にあらわれる量子現象が，役立つ技術として利用されることもあるのです。

超流動と超伝導にかかわる研究は，数多くのノーベル物理学賞の受賞にむすびついているんだポン。

5 超流動と超伝導

量子論を使わないと説明できない現象として代表的な，「超流動」と「超伝導」の例を紹介します。

超流動現象

超流動ヘリウム

注射器の針のような細い管に水を通すには，水の粘性で抵抗を受けるため，ある程度の圧力が必要です。しかし，超流動ヘリウムの場合，抵抗を受けないため，圧力なしでも非常に細い管をなんなく通り抜けられます。

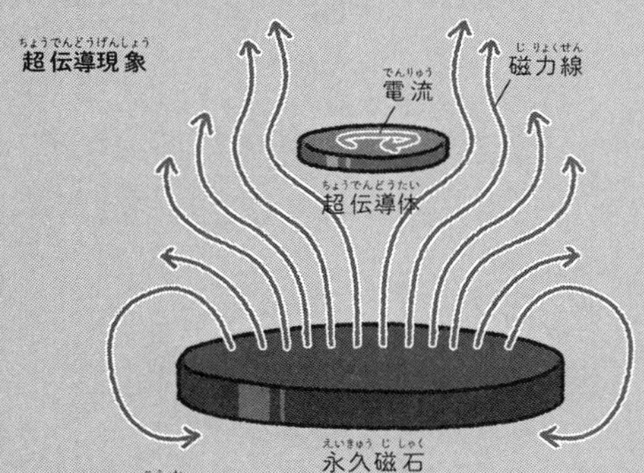

マイスナー効果

超伝導状態の物質は磁場をきらうため，磁場を打ち消す方向に電流が流れて磁場を追い出します。電流は流れつづけるので，超伝導体は磁石の上に浮いたままです※。

※：リニアモーターカーの浮上はこの効果ではなく，「超伝導電磁石」によるものです。

6 鳥の渡りや光合成にも，量子論が関係しているらしい

量子論を使って，生命現象を解き明かす

近年では，「量子生物学」あるいは「量子生命科学」という，量子論を使って生命現象を解き明かそうとする研究分野に，注目が集まっています。

たとえば，「ヨーロッパコマドリ」という渡り鳥が，地球の磁力を知覚して長距離を正確に移動するのに，「量子もつれ」が関与しているというものです。また，植物やプランクトンなどが行う光合成にも，量子論による説明が必要とみられる現象がみつかりました。

6 植物の光合成

植物の場合，光合成は細胞内にある葉緑体で行われます。葉緑体の中には，膜におおわれた「チラコイド」という構造があり，光合成反応が行われる装置の一部があります。

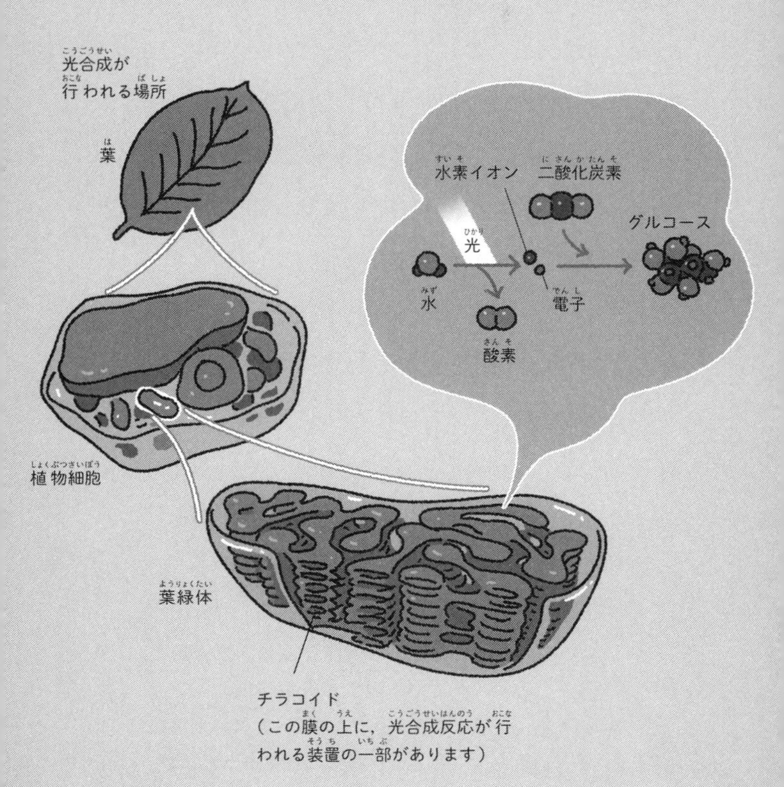

光合成を「量子コンピューティング」とみなす

光合成は，光のエネルギーを化学エネルギーに変換する反応です。

受け取った光のエネルギーは，反応中心とよばれる場所に集められます。2007年に，ある細菌の光合成において，受け取った光が同時に量子干渉的に複数の経路を通って反応中心に伝わっている可能性が示されました。これは，光合成が量子効果によって効率性を生む「量子コンピューティング」とみなせるとして，今では研究テーマの一つになっています。

ほかにも，量子生物学が対象としている現象は，遺伝現象や嗅覚・視覚のメカニズム，酵素の反応機構など，多岐にわたるそうだよ。

memo

ギネス認定の超高速リニア

「超伝導」と聞くと，真っ先にリニアモーターカーを思い浮かべる人も多いのではないでしょうか。**リニアモーターカーは，線路の側面下部に直線状に並べた電磁石と，車両の側面にある超伝導電磁石との間に生まれる引力や反発力によって，車両を浮上，推進させます。**

日本のリニア中央新幹線として開発が進められているリニアモーターカーは，最高時速500キロメートルで運行される予定です。新幹線の最高速度は時速320キロメートルで，東京から大阪までは約2時間30分かかります。これが，リニアモーターカーの場合は，約67分で着いてしまう計算です。

リニアモーターカーの最高速度は，時速600キロメートルをこえます。**2015年4月に行われた実**

験では，有人走行で世界最高速度となる時速603キロメートルに達し，ギネス記録に認定されました。

7 量子論はまだ，重力を説明できていない

宇宙には，基本的な4種類の力がある

ここからは，発展をつづける量子論の，最先端の研究について紹介しましょう。

量子論は，電子や原子核などの「物質」の極限の姿を明らかにした後，「力」のしくみを明らかにする方向にも発展していきました。**物理学者によると，私たちの宇宙には，基本的な4種類の力があるといいます。その力とは，「重力」「電磁気力」「強い力」「弱い力」です。**

量子論は，重力を説明することができていない

「重力」は，質量をもつ物が相手を引きつける力です。「電磁気力」は，電気や磁気をもつ物が相手を引きつけたり遠ざけたりする力です。「強い力」は，原子核の中の陽子と中性子が，たがいに引きつけ合う力です。「弱い力」は，中性子がひとりでに陽子に変わるように，変化を引きおこす力です。

量子論では，これらの4種類の力を，「力を伝える素粒子」の交換で説明します。**量子論はこれまでに，「電磁気力」「強い力」「弱い力」の3種類の力の説明に成功しました。しかし「重力」だけは，まだ説明することができていません。**

8 量子論と一般相対性理論の融合が，期待されている

重力子で重力を説明する「量子重力理論」

量子論は，ほぼあらゆる物理学の理論の土台だといえるでしょう。しかし例外なのが，「重力」です。重力は，アインシュタインの「一般相対性理論」によって理解されているのです。一般相対性理論によると，質量をもつ物が周囲の時間と空間をゆがめ，その結果，重力が生じるとされています。

重力に量子論の考え方を適用すると，重力は「重力子」とよばれる素粒子によって伝えられると考えられます。物理学者たちは，重力子を用いて重力を説明する「量子重力理論」を構築しようと，何十年も努力をつづけてきました。しかし，いまだ理論の完成には，いたっていません。

8-1 量子論による重力の説明

量子論では力を，力を伝える素粒子の交換で説明します。重力を伝える素粒子は,「重力子」といいます。質量をもつ物どうしが重力子を交換することで，その間に重力がはたらくと考えます。

重力子の正体は「閉じたひも」かもしれない

量子重力理論の完成は，量子論と一般相対性理論の融合を意味します。現在，量子重力理論の有力な候補といわれるのが，未完成の「超ひも理論（超弦理論）」です。超ひも理論では，重力子の正体は輪ゴムのような「閉じたひも」だとされます。

一般相対性理論がつくられた1915年ごろは，まさに物理学者たちが試行錯誤しながら量子論を構築していたころに当たります。そのため，アインシュタインは一般相対性理論をつくるにあたって量子論を考慮していませんでした。量子論を考慮していない物理学のことを「古典論（古典物理学）」とよびますが，その意味では一般相対性理論も古典論なのです。

8-2 素粒子は，ひも？

超ひも理論は，すべての素粒子が極小の「ひも」でできているとする理論です。重力子は，「閉じたひも」だとされます。

素粒子は，ひも？

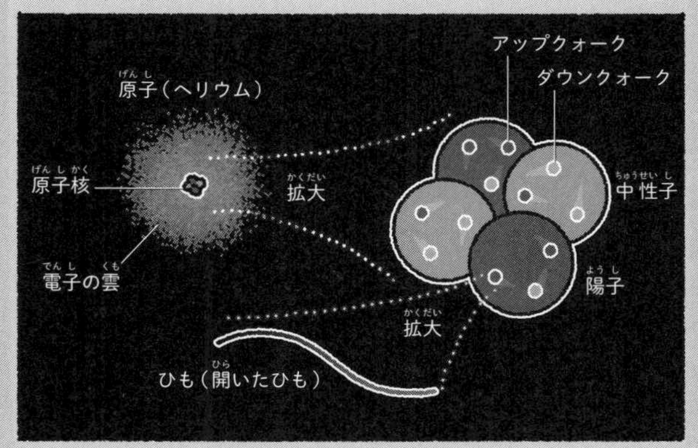

重力子は，閉じたひも？

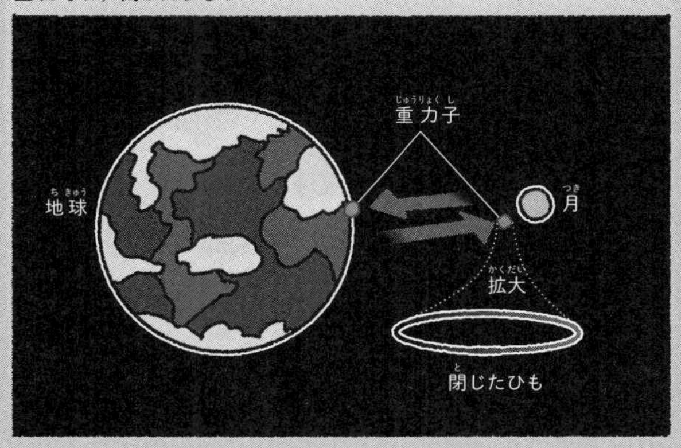

9 二大理論の統合で，宇宙誕生の謎が解明できるかもしれない

宇宙は「無」から誕生したのかもしれない

量子論と一般相対性理論の融合で解明が期待されることの一つに，宇宙誕生のなぞがあります。

現在の宇宙は，膨張をつづけていることがわかっています。時間をさかのぼると，過去の宇宙は今よりも小さかったことになります。これを突きつめて考えると，大昔の宇宙は，原子よりもさらに小さかったことになります。**大昔のミクロな宇宙は，十分には解明されていませんが，宇宙は「無」から誕生したというのが有力な仮説の一つです。**ここでいう「無」とは，時空（時間と空間）すら存在しない状態です。

9 無からの宇宙誕生

現在の宇宙は膨張しているため，過去の宇宙は今よりも小さかったことになります。大昔の宇宙は原子よりも小さく，「無」から誕生したという仮説があります。

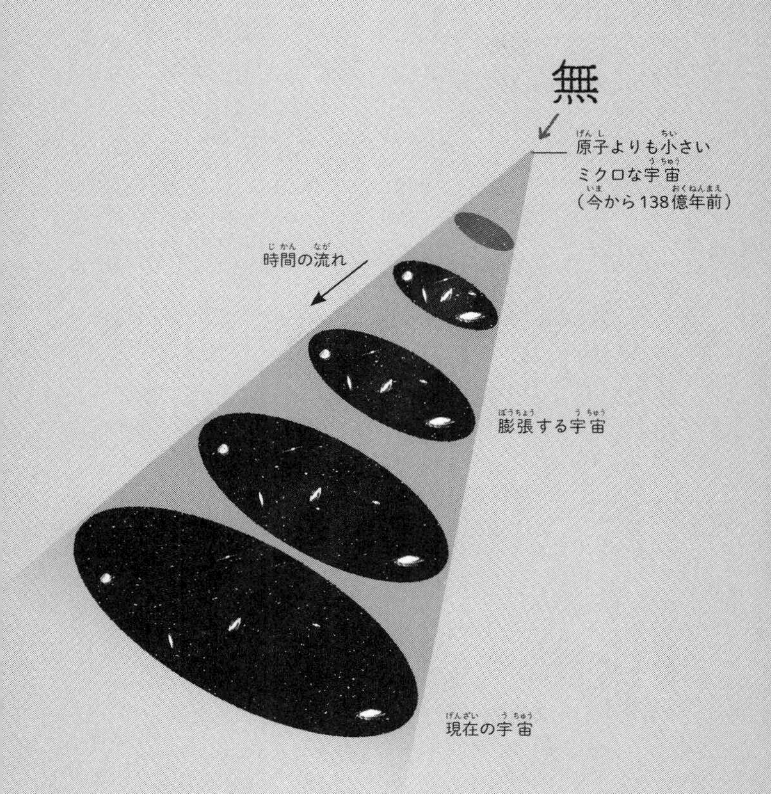

ミクロな宇宙が，私たちの宇宙へと成長した

量子論によると，無も完全な無でありつづけることはできません。「無」と「有」との間で，ゆらぐことになります。

「有」とは，時空をもつミクロな宇宙のことです。そして無から生まれたミクロな宇宙が，何らかの原因で急膨張をおこし，私たちの宇宙へと成長したと考えられています。

まだ仮説の段階ですが，量子論によって，宇宙のはじまりについても考えられるようになってきたのです。

広大な宇宙が原子よりも小さかったなんて，驚きだポン！

memo

量子論の「多世界解釈」って何？

博士，「多世界解釈」って何ですか？

世界がどんどん枝分かれしているという解釈じゃよ。これも量子論から生まれたんじゃ。それによると，無数の並行世界があって，それぞれに別の人生を送る自分がいる。しかも並行世界は，同じ空間の中に重なり合っている。

ええっ！　それじゃ，自分と別な自分がぶつかっちゃうじゃないですか！

大丈夫じゃ。ほかの世界との間で，物質や情報をやりとりすることはできない。たがいに干渉しないで共存しているといわれておる。

でも，どんどん世界（せかい）がふえたら，パンクしないですか？

実（じつ）は，空間（くうかん）にどれだけ情報（じょうほう）がつめこめるのか，まだよくわかっておらんのじゃ。これから研究（けんきゅう）が進（すす）むと，わかってくるかもしれんな。

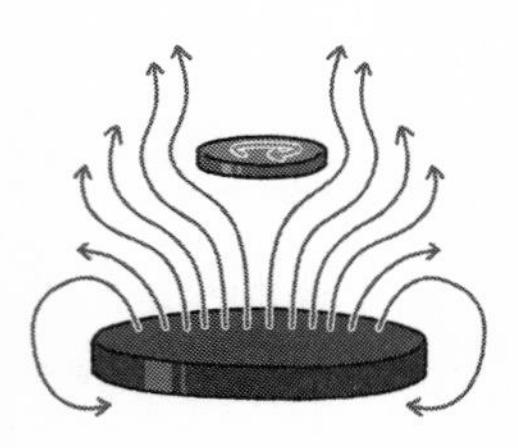

第5章

量子論を応用した最新技術

量子論は,「量子コンピューター」や「量子情報通信」への応用がすすめられています。第5章では,量子論を応用した最新技術について紹介します。

1 超高速計算を可能にする「量子コンピューター」

量子スイッチは，上と下の両方を同時に向ける

10個のスイッチが，金庫についているとします。スイッチの上下が正しいパターンになっていないと解錠されず，金庫は開きません。スイッチのパターンは1024（＝2^{10}）通りあり，正解は一つです。

ここで，スイッチが「量子スイッチ」である場合を紹介しましょう。**量子スイッチとは，上と下の両方を同時に向くことができる不思議なスイッチです。**10個の量子スイッチは，全1024パターンを同時にとっています。金庫の取っ手をゆっくりまわすと，量子スイッチに変化が生じます。最初は均等に上と下を向いていた各スイッチが，少しずつ上か下にかたよります。そして取

1 金庫のとびらを開くには？

10個のスイッチの上下を正しくそろえないと開かない金庫があります。スイッチのパターンは1024(2^{10})通りあります。上と下を同時に向くことができる，「量子スイッチ」を10個つなげると，理論上，全1024パターンを同時に表現することができます。

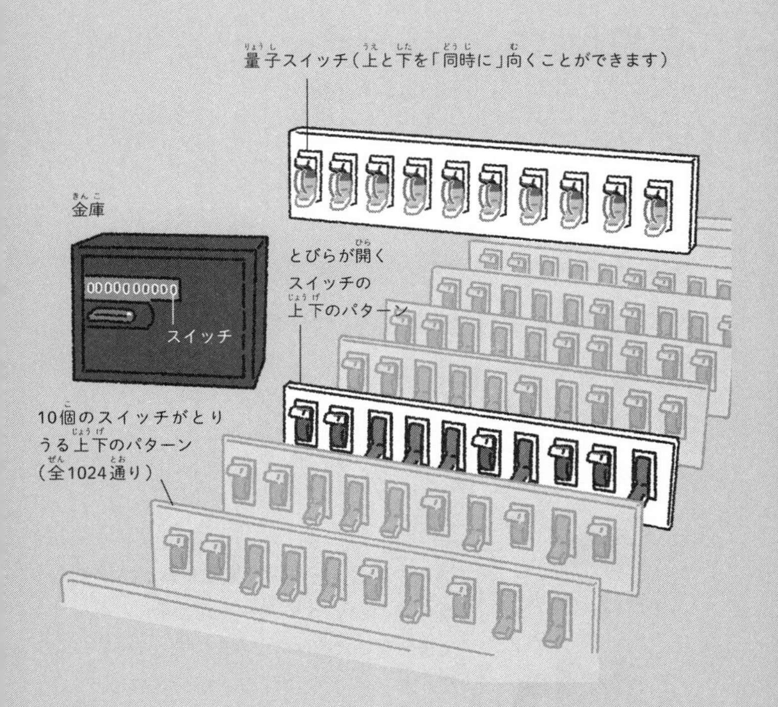

っ手を最後までまわすと，各スイッチがはっきり上か下かを向き，正解のパターンを示すのです。

量子論の「状態の共存」を利用したコンピューター

実はこの話は，「量子コンピューター」が既存のコンピューターよりも高速に計算を行えるしくみを比喩的に表現したものです。**量子コンピューターとは，量子論の「状態の共存（重ね合わせ）」を利用して計算を行う，特殊なコンピューターです。**上下を同時に向く量子スイッチは，状態の共存に対応しています。

量子コンピューターが実現すれば，既存のコンピューターを圧倒的に上まわる計算速度で，さまざまな問題が解けるようになると期待されています。

2 量子コンピューターは，電子の「重ね合わせ」を利用する

量子ビットは，0と1の両方を同時にあらわす

現在のコンピューターでは，すべての情報が0と1で表現されます。0と1は情報の最小単位で，「ビット」とよばれます。

量子コンピューターも，ビットを次々と処理して計算などを行う点は，通常のコンピューターと変わりません。ただし，ビットが「量子ビット」になります。**量子ビットは，0と1の両方を同時にあらわすことができる特殊なビットです。**量子ビットを観測すると，0と1の重ね合わせ状態がこわれて，通常のビットと同じように0か1のどちらかに決まります。

重ね合わせ状態のまま計算する

通常のビットが一度に表現できるパターンは，「0110110001」のように，あくまでもその中の一つだけです。一方の量子ビットは，0と1を同時にあらわせますから，10量子ビットあれば，重ね合わせによって1024通りのパターンを同時にあらわすことが可能です。

重ね合わせ状態のまま計算すれば，1度に全1024 パターンについて計算したことになります。これこそが，量子コンピューターが通常のコンピューターよりも高速で計算が行える理由の一つなのです。

たとえば，量子ビットであらわした1～1024までの数に，ある数をかけあわせたい場合，計算の回数は1024回ではなく1回ですむんだポン。

2 コンピューターの基本原理

一般的なコンピューターと量子コンピューターが情報を処理する基本的なしくみを，模式的にえがきました。0と1であらわされる情報（ビット）を，一定のルールにもとづいて次々と処理する点は共通です。

通常のコンピューター

ビットの処理
（表裏をひっくり返します）

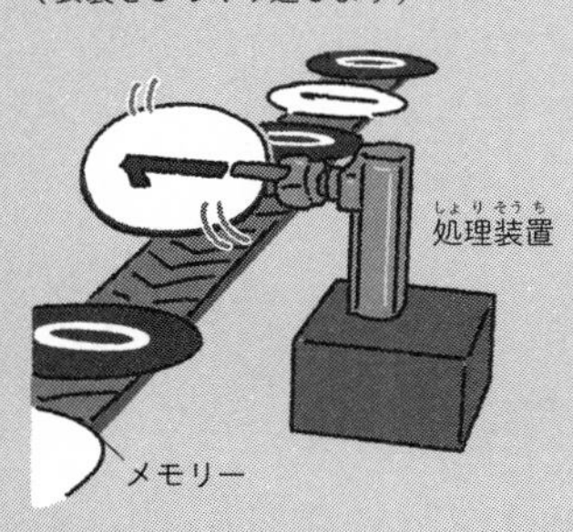

処理装置は，メモリー上のビットの値（0か1）を書きかえたり，値を読みこんだり，消したりします。

量子コンピューター

量子ビット
（重ね合わせ状態）

0 1

観測すると
0か1に決まります。

量子ビットの処理
（回転させます）

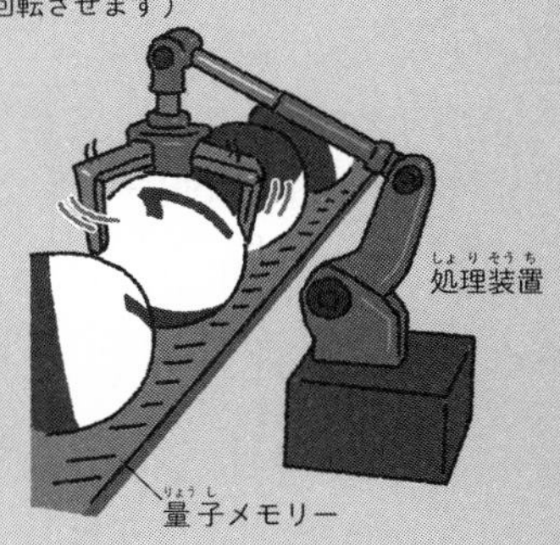

処理装置は，量子ビットの状態を変化させるなどして，重ね合わせ状態を維持したまま，情報を処理します。

3 「量子もつれ」を使った，テレポーテーション

地球から月へ，ネコを転送する方法

転送装置を使って，地球から月面基地にネコを転送（テレポーテーション）する方法を想像してみましょう。地球には「量子測定室」と「量子送信室」が，月には「量子受信室」という部屋があります。量子送信室と量子受信室は，「量子もつれ」という関係でつながっていて，それぞれ十分な量の原子が入っています。

ネコを地球の量子測定室に入れ，ネコを構成する物質の情報を「もつれ測定」という方法で測定します。そして量子測定室のネコと量子送信室の原子の間に，強制的に量子もつれの関係をつくります。ネコの測定結果の情報は，電波で月に送ります。

3 ネコをテレポーテーション

地球から月へと，ネコを転送する方法です。「量子もつれ」と電波によって，ネコを構成する物質の情報を送信し，その情報を使って月側でネコを再生することで，転送を実現します。

地球と月の転送装置を量子もつれでつなげておきます

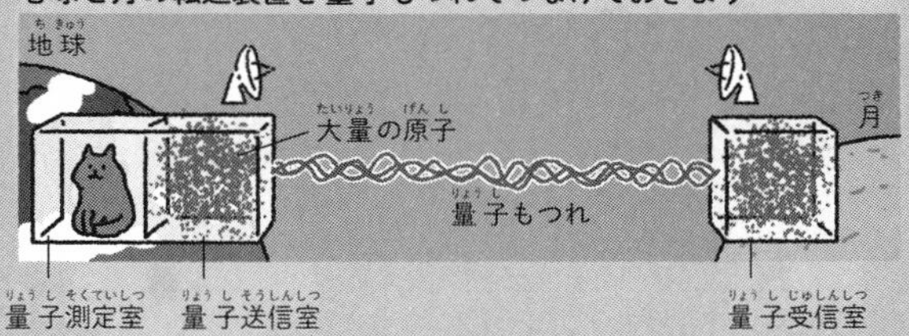

ネコの状態を測定し，測定結果を電波で送信します

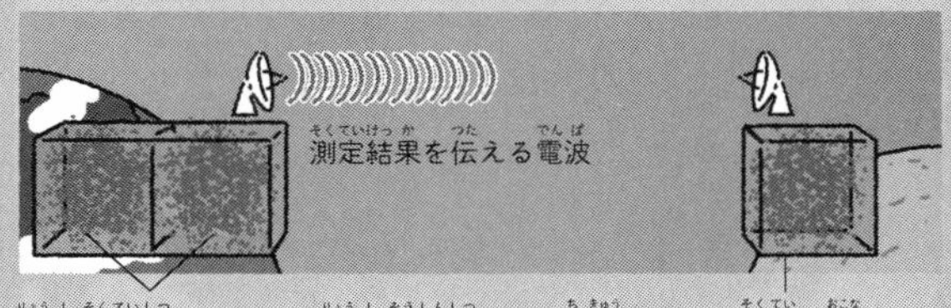

量子測定室のネコと，量子送信室の原子の間で「もつれ測定」を行います

地球でもつれ測定が行われたと同時に，原子の状態が変化します

月側でネコを再生します

地球にいたものとまったく同じネコが出現します

遠隔地に同じ物質の状態を再現する

月の量子受信室は，地球の量子送信室と連動して，瞬時に変化します。さらに，地球から届いたネコの測定結果の情報を使って，量子受信室の状態を補正します。すると，地球の量子測定室に入れたネコとまったく同じネコが，月の量子受信室にあらわれるのです。

……以上は空想の話です。**しかしミクロな物質については，同様のやり方で，遠隔地に同じ物質の状態を再現することに成功しています。この技術を，「量子テレポーテーション」といいます。**

SFでおなじみのテレポーテーションだけど，理論的には実現可能なんだね！

4 量子テレポーテーションで，通信ができるかもしれない

量子もつれ状態の光子のペアを用意

量子テレポーテーションの有力な利用法の一つに，通信への応用があります。その利点は，「確実性」と「秘匿性」です。量子もつれを使えば，どんなに遠距離でも直接情報を伝えることができます。また，大事な情報が失われることもありません。

量子テレポーテーションを使う「量子情報通信」は，通信を行う2者間で，あらかじめ量子もつれ状態の光子のペア（EPRペア）を用意しておく必要があります。ペアの一つを光ファイバーで受信側に送れば，準備完了です。

人工衛星を使って光子を送る方法もある

現状では，光ファイバーで光子を届けられる距離は，100キロメートル程度が限界です。それ以上遠い距離で量子情報通信をするには，量子中継が必要です。

一方，地上で中継することなく，一気に遠い場所に量子もつれ状態にある光子を配送することに，中国の研究グループが成功しています。それは，人工衛星を使って宇宙から光子を送る方法です。

中国の研究グループは，この方法により，中国内の1200キロメートルはなれた場所で量子情報通信を行うことに成功しました。7400キロメートルはなれたオーストリアとの間でも，量子情報通信に成功しています。

4 量子情報通信

量子テレポーテーションの利用方法の一つに，量子情報通信があります。量子情報通信の方法には，地上で光ファイバーを使う方法と，人工衛星を使う方法の二つが考えられています。

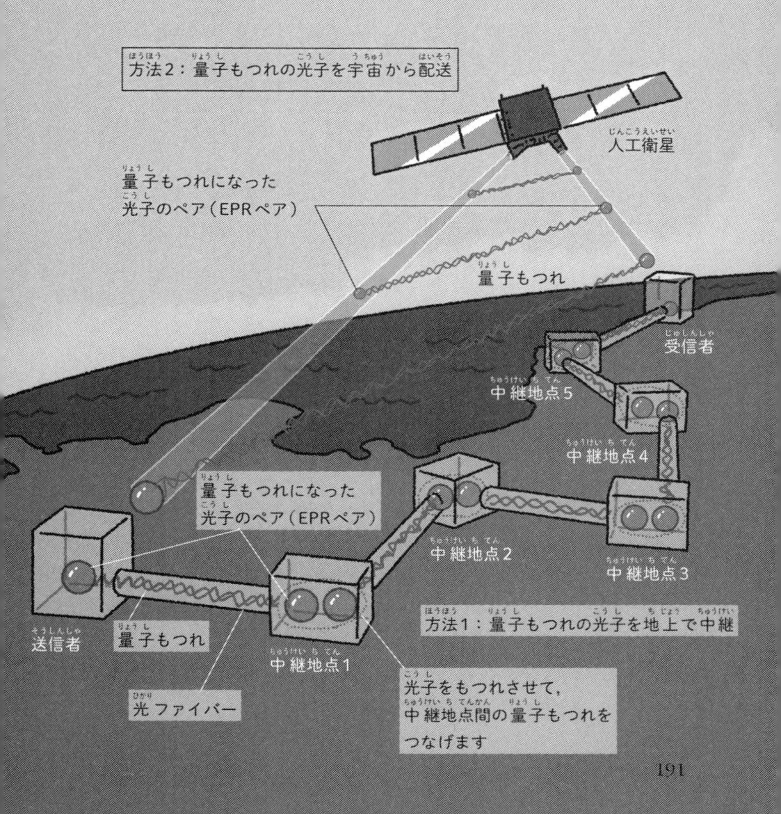

タコでエビをとる漁師の話

ミクロな量子の世界は，わたしたちの常識とかけはなれています。しかしマクロな漁師の世界にも，私たちの知らない，一風変わった漁のしかたがあるようです。

漁には，「定置網漁」や「延縄漁」などのさまざまな方法があります。なかでも変わった伝統的な漁に，「タコ伏せ漁（タコ脅し漁）」があります。**タコ伏せ漁は，生きたタコを使ってイセエビをとる方法です。**イセエビは日中，岩陰にひそんでいます。**そのイセエビを天敵であるタコでおどし，岩陰から逃げだしたところを網でつかまえます。**

漁は通常2人1組で行われます。1人は船の舵をとり，もう1人がイセエビをつかまえます。イセエビをつかまえる人は，磯めがねを口にくわえて固定しながら海の中をのぞきこみ，片手に生きたタコのついた竿，片手に網を持って漁を行います。

さくいん

シリーズ第17弾!!

ニュートン超図解新書

最強に面白い 対数

log

2024年1月発売予定　新書判・200ページ　990円（税込）

10を何回くりかえしかけ算すると，1000になるでしょうか？　答えは3回です。「対数」とは，このように，かけ算をくりかえす回数をあらわすものです。高校の数学の授業で登場し，たくさんの高校生を苦しめているようです。

対数は，今から約400年前の大航海時代に生まれました。GPSなどなかった当時，船の正確な位置を知るためには，膨大な計算が必要でした。そこで，計算を簡単にする“魔法の道具”として，対数が考えだされたのです。

本書は，2019年7月に発売された，ニュートン式 超図解 最強に面白い!!『対数』の新書版です。対数が誕生した歴史や，対数の考え方をやさしく紹介します。対数を利用した「計算尺」や「対数表」を使って計算を行うことで，対数の魔法をきっと実感できるはずです。ぜひご一読ください！

余分な知識満載だデン！

主な内容

対数を理解するための指数

音階は1.06倍のくりかえしでできている！
紙を42回折ると月まで届く！

対数と指数は同じものだった！

対数は，天文学者と船乗りを救った
対数を利用した「計算尺」が世界を支えた！

指数と対数の計算法則

マイナスの指数を考えよう！
対数の計算をしてみよう！

計算尺と対数表を使って計算しよう！

対数目盛りが計算尺のカギだった！
常用対数表はこうしてつくられた！

特別な数「e」を使う自然対数

金利の計算からみつかった不思議な数「e」
オイラーは，対数からeにたどり着いた

$$y=\log_a x$$

Staff

Editorial Management　中村真哉
Editorial Staff　道地恵介
Cover Design　岩本陽一
Design Format　村岡志津加（Studio Zucca）

Illustration

表紙カバー　羽田野乃花さんのイラストを元に佐藤蘭名が作成
表紙　羽田野乃花さんのイラストを元に佐藤蘭名が作成
11 〜 153　羽田野乃花
155　大島 篤さんのイラストを元に羽田野乃花が作成
159〜193　羽田野乃花

監修（敬称略）：
和田純夫（元・東京大学大学院総合文化研究科専任講師）

本書は主に，Newton 別冊『量子論のすべて 新装版』と Newton ライト『13歳からの量子論のきほん』の一部記事を抜粋し，大幅に加筆・再編集したものです。

ニュートン超図解新書
最強に面白い

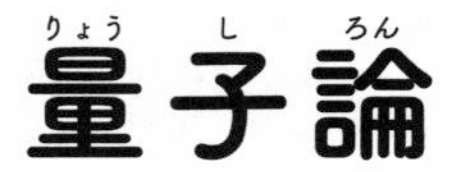

2024年1月15日発行

発行人　高森康雄
編集人　中村真哉
発行所　株式会社 ニュートンプレス　〒112-0012 東京都文京区大塚3-11-6
https://www.newtonpress.co.jp/
電話 03-5940-2451

ISBN978-4-315-52773-5